知識ゼロでも
美味しいにたどり着く
ハッピーワイン選び

へんみゆかり 著

セルバ出版

はじめに

本書でお伝えしたいことは、ただ1つ。

ワインに興味はあるけれど、沢山ありすぎて選べない人が、特別なワイン知識を必要とせずに、楽しみながらワインを選び、毎日をさらにハッピーに変化させることです。

あなたは今、5mはあるワイン陳列棚の前にいます。

みなさんの悩みは一緒。沢山あるワインから1本を選べない。

結局、同じ物を買ってしまう。では、なぜ、ワインは選べないのでしょうか。

それは、ワインは難しい！　知識がないと選べないと思い込んでいるから。

ここ10年で、デイリーワインの種類も質も格段に上がり、日本では様々な国のワインが簡単に手に入るようになりました。ワインは、本来楽しむ飲み物。お祝いやみんなが集まったときに開ける物。だからこそ、もっと気軽にワインを選べたほうがいい。

では、どうしたら、知識がなくてもワインを探せるようになるのでしょうか。

その方法は2つ。そのうち一番のおススメは、きょういただくオカズをヒントにワインを探すこと。

「そんなソムリエみたいなことできません」と思われた方、「大丈夫です」。世に散在するヒントをまとめ、「ミチシルベ」をつくりましたから。

ミチシルベがあれば、人は迷いません。そして、ワインを飲むシュチュエーションをイメージしてみてください。

ただ、ワインのみを坦々と飲み続けることは少なく、やっぱりお料理やおつまみをいただきながら飲むことがほとんどですよね。ならば、きょうのオカズをヒントにワインにたどり着き、「美味しい♪」が完成されればいうことありません。デイリーワインは、料理やおつまみと合わせて楽しむのが一番。

また、本書を手にされたあなたは、すでにハッピーな方が多いのでは？

私の友人にはワイン好きが多いのですが、みな、美味しい物が好きで、度々仲間とともに家飲みや外食をします。美味しい料理とワインを飲めば、当然話も弾み、密な関係が築かれ、次は旅に行こう！　など、話とともに行動も広がります。

今や人生は１００年。まだまだこれからの長い人生を、本書は、より楽しめるツールとして、お役に立てますこと間違いありません。

知識がなくたって、「美味しい物は、美味しい」「楽しい物は、楽しい」のです。

友達と、家族と、恋人と。美味しい！　を共有できたら、こんなに素晴らしい人生はありません。

ワインは楽しい。ワインと料理がぴったり合ったら、思わず「ふふふ」って笑っちゃう。

さあ、みなさんも一緒に扉を開きましょう。

２０１９年11月

へんみ　ゆかり

知識ゼロでも美味しいにたどり着くハッピーワイン選び　もくじ

第6章　疑問解決

第7章　あると便利なワイングッズ・おススメ超最高コスパワイン

なお、本書では、デイリーワインを2，500円（税抜価格）以下のワインと位置づけ、スーパーや酒店、ショッピングモールなどで販売される一般的なワインとしました。

第1章

思い違い編

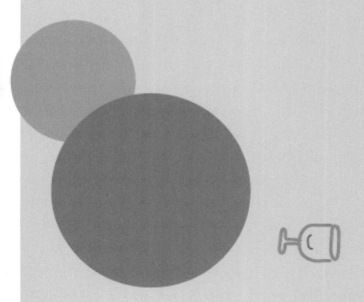

「知識がないと楽しめない」の勘違い

ワインは楽しむ飲み物

みんな、最初は初心者です。ワインは楽しむ飲み物。まだ知識がない方は、その分純粋に美味しい、楽しいにたどり着く可能性を持っている論。

「ワインの知識はないけれど、ワインは美味しいから好き。お料理と合わせて楽しみたい」と考えられている方こそ、今後のワイン人生をよりキラめかせられる方かもしれません。

私は、約10年前、WSET（イギリスに本部を置く世界最大のワイン教育機関）の教室で勉強をしておりました。

そこは、資格取得を目指すための教室ですので、当然、どんどん知識が豊富になっていくのです。

しかし、裏腹に、ワインの味を確かめるワインテイスティングを行う度、美味しさや楽しむことを一時忘れ、ついついブドウ品種当てに、脳みそをフル回転させ、「当てなきゃ！」という呪縛に捕らわれておりました。これは、これで楽しいことなのですが、気がつくと、完全に気楽さを失い、ワインの美味しさを感じたり、楽しむことを置き去りに、なんてこともよくありました。

自身が開催しておりました、教室の生徒さん達を集め、「ワインと料理の組合せを楽しもうオフ会」を行うと、まだ知識の浅い方のほうが、「コレとコレ合う！」「すっごく美味しい！」「味が広がる！」

など、沢山の意見が飛び交い、美味しさへの追求を目的としている姿を目の当たりにしました。

１人は、料理とワインを合わせて「口の中で花が咲いた！」と表現しており、１人は、「輝いた！」と言っていました。知識が邪魔して、素直な感性を弱めてしまうこともありそうですから、知識がなくても、ワインと料理の美味しさを発見する。そしてそれを楽しむことは誰にだってできることだと実感しました。

美味しいとは、あなたにあって、他人ではない。

美味しいという感覚に数学のような正解はありません。

私は酸味好きです。辛い物が好きな方もいらっしゃるでしょう。その人の美味しいと、あなたの美味しいは多少異なる、これでいいのです。

自分の美味しいを見つける旅をする。これもワイン人生を楽しむ１つの要素でしょう。

気になる「ワインの美味しい！」とは、どういうことでしょうか

みなさんは、美味しいを分析したことはありますか。

ワインの美味しいは、「香りの強さ、味わいの強さ、酸味の強さ、余韻の長さ」などの要素のバランスのよさです。

そして、それは、すべての要素が低くても、「美味しい」と感じるということです。

というのも、ＷＳＥＴ教室で勉強をしている際、先生は、毎回「どれが一番美味しいですか。好

きですか」と質問をしてくださいました。

すると多数の方が「美味しい！」と答えるワインは、「バランスがよい」ワインだったのです。

具体的には、「香りは、ドライフルーツ、木や土を思わせ、味わいも、黒系フルーツの香りを基準に、スパイスやハーブの香りと全体に複雑、余韻も長い」としましょう。しかし、「酸味が高過ぎて、タンニンという渋みがかなり強い」となると、実は、「もう2、3年寝かせてから開栓したほうが美味しいワインだった」ということになります。

高価であっても、「酸味が高過ぎて、あまりタイプではない」と答える人が大半、ということもありました。

反対に、飲み頃を過ぎてしまって、ブドウ本来の香りがすっかり落ちてしまっている物もありました。

そうかと思うと、すべての要素が低くても、なんだかバランスがとれていて、ほとんどの方が、「美味しい！」と答えるワインも。本当にワインって不思議な飲み物ですよね。

ワイン知識はあってもよいが、なくても楽しめますからご安心ください。

「コレを覚えないと選べない」と考えられていた

びっくりです。「コレを覚えないと選べない」と考えられていました。

〝コレ〟とは、次のことです。

・ブドウの品種名とその特徴
・地域名とそこで使用されるブドウの品種名
・地域名、地区名。畑名（１級畑、特級畑）の暗記
・格違いごとの味わいの差
・同じブドウ品種による国別の味わいの違い
・樽やステンレスタンクによる熟成香の味わいの違い
・世界を代表する料理とそれに合うワインの暗記
・年代別による味わいの差

多くのワイン教室は、ワインを勉強する際に、次の順序で行います。

①　ブドウ品種別知識
②　ブドウ品種の国別、産地別違い
③　格違いによる知識

これだけの情報があるわけですから、ワインについて勉強するとなると小一時間ではいかないワケですね。

本当に奥深い飲み物だと思います。１度勉強を始めると、その深さゆえ、追求が止まらなくなる

のも、楽しみの1つでもあります。

大の大人が、こぞって、時間とお金をかけて、この知識を習得したいということも、よくわかります。

しかし、最初の入口に、ここまで多くの知識は必要ありません。

ワインを楽しむうちに、自然とブドウの品種名も覚え、その後改めて勉強するのが理想的と考えます。

本書は、知識がゼロの方でも、ワインが選べるようなりますので、ぜひまずはワインを実際に試し、美味しさを実感してみてください。

なぜブドウの品種名とその特徴を暗記しないといけないのか

なぜブドウの品種名とその特徴を暗記しないといけないのでしょうか。それは、使用するブドウの品種により、そのワインの骨格、個性が決まるからです。

骨格や個性とは、例えるならば、
A　ムキムキ筋肉、力強く、どっしりボディのスポーツ万能な人
B　IQが高く、賢い。じっくりなにかを研究することが得意な人
のような、いわばキャラクターです。

ブドウ品種の違いはまさにそれで、自分が得意とする分野があるのです。

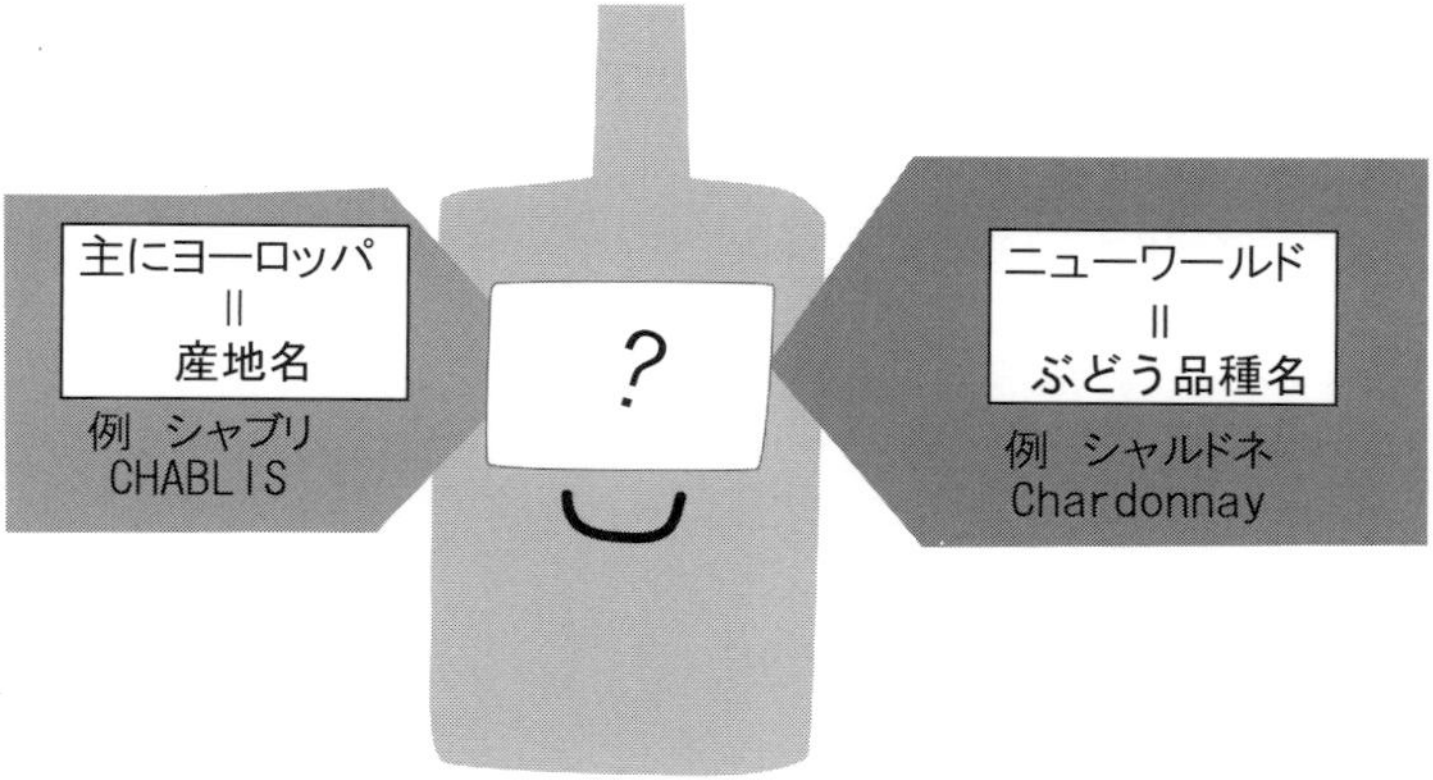

つまり使用するブドウ品種で、ワインの骨子が決まるというワケです。

具体的には、ブラックチェリーやブルーベリーのような香りで、タンニンといわれる渋みがしっかりあるワインをつくりたければ、その個性が現れるブドウ品種を使用し、ワインをつくるということです。

なぜ産地名とその土地で使われるブドウ品種名を暗記しないといけないのか

では、なぜ産地名とその土地で使われるブドウ品種名を暗記しないといけないのでしょうか。それは、主にフランスはじめヨーロッパ―のワインのエチケット（商品ラベル）には、産地名が書かれ、使用しているブドウ品種名が書かれないからです。

また、産地名を名乗る以上、決められたブドウ品種を使用して、ワインをつくらなければならないので、産地名と使用ブドウ品種とその特徴を暗記しなければならないと考えられています。

ワインのエチケット表記には、大きく分けてヨーロッパを主とする伝統的にワインをつくっている国とその他の国で違いがあります。

主に、ヨーロッパ以外の国をNW（ニューワールド）と呼び、アメリカ、カナダ、チリ、アルゼンチン、オーストラリア、ニュージーランド、南アフリカ、私たちの国・日本などが当てはまります。そして、NWのエチケットには、主にブドウ品種名が書かれます（1例であり、他にも表記名は沢山あります）。

つまり、ブドウ品種名、とその特徴。さらには、産地名、その産地で使用されるブドウ品種名、産地ごとの格付、年代別の味わいの差……、これらを覚えたほうがよいとされていますから、「ワインは難しい」となるわけです。

ワインの勉強には終りがない。奥深くて壮大。でも、最後に求めるのは、「ふふふ」って笑っちゃう美味しさに出会うこと。

ワインのラベルを読めるようになる奇跡？　はいらない

「新潟県　魚沼産　コシヒカリ」って書いてくれればなぁ

奇跡が起きないと、ワイン知識ゼロで、ラベルの理解はできませんが、読めなくてもワインは選

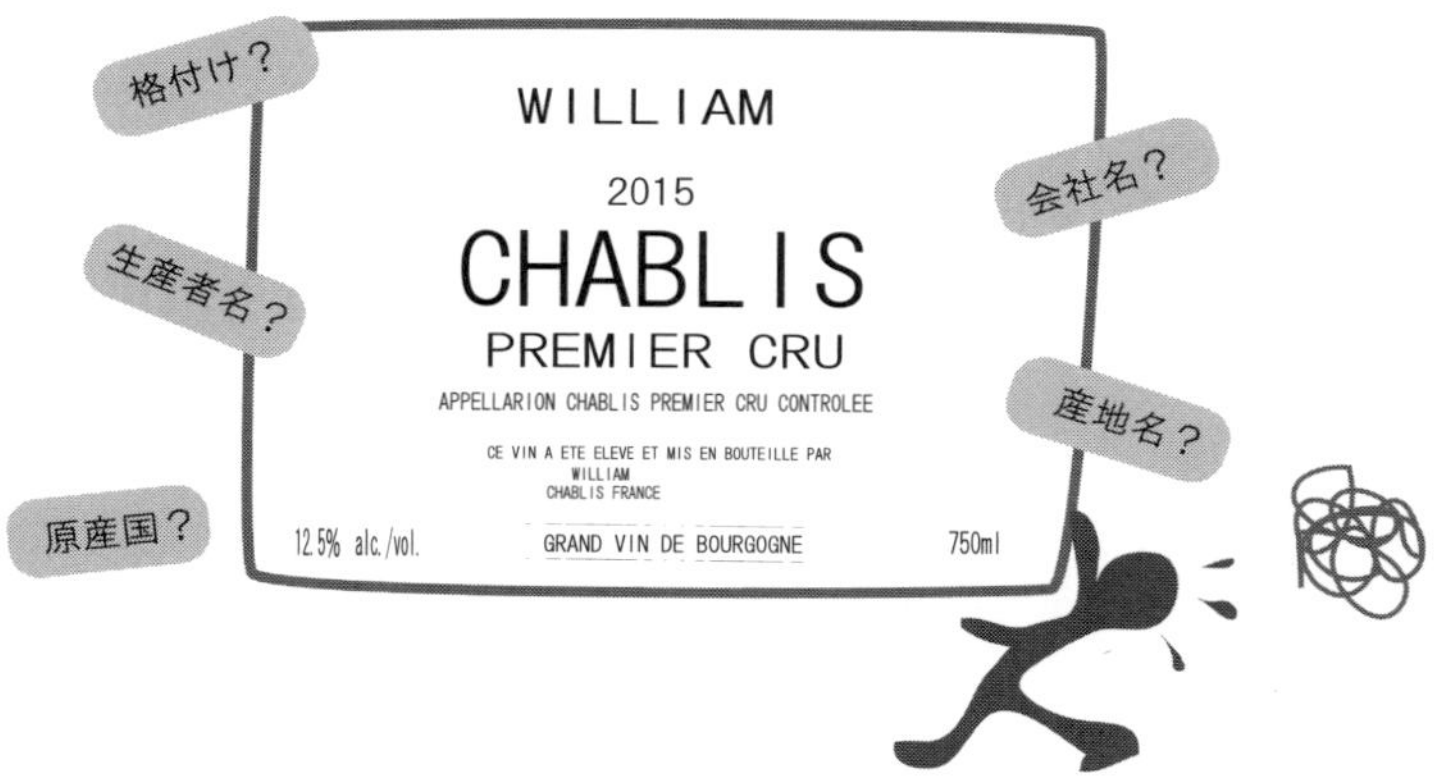

べますからご安心ください。

ワインラベルの記載に、世界統一規格があるわけではない

ワインの商品ラベルを、正式にはエチケットといいます。このエチケット表記ですが、世界の統一表記ルールはありません。仮に、エチケットの一番上はつくった人物名または会社名。その下がワインの名前。さらにその下に使用したブドウ品種名を記載すること、などのルールがあったらどんなにラクなことでしょう。しかし、現実は、生産者によってバラバラ。

このエチケットを、さらに複雑にさせる要因があります。それは、特に２，５００円以下のデイリーワインに、しばしば産地名とブドウ品種名以外に、様々な言葉が入ることがあるからです。

例えば、次のような言葉です。

・会社名
・生産者名
・ブランド名

・フィーリング名（娘や奥さんの名前など）

デイリーワインの多くは、「ブドウの品種名」、または「フィーリング名」がワイン名となることが多く、フィーリング名の場合、味わいは、果てしなくわかりづらくなるものです。

独自ネーミングはこだわりワインの証し？

ブドウの品種名をワインの名前として名乗るためには、使用するブドウ品種の75％をそのブドウ品種でつくらなければならない、などのルールがあります（比率は、国や地域で異なります）。

さて、ここで、疑問に思われる方も多いはず。「様々なブドウを混ぜてつくったら美味しいんじゃない？」と。

例えば、果実香味は豊だけれど、酸味が弱い。ならば酸味の強いブドウ品種を少々足してあげる。きっと美味しいワインが仕上がりそうですよね。しかし、その場合は、ワインのラベルにブドウ品種名を名乗れませんから、そんなときは「独自ネーミング」が登場します。

ですから、奇跡が起きない限り、エチケットをスラスラ読み込むことは困難。また、その奇跡は正直必要ありません。なぜなら、ここ数年で、多くのワイン販売店において、商品説明ＰＯＰや価格札内のワイン情報の充実が図られ、裏ラベルにも、沢山の情報を提供する会社が増えましたから。

新潟の魚沼産　コシヒカリって書いてくれても、新潟と魚沼が産地名で、コシヒカリが品種名ってわかっていないとダメだってことですね。

第2章

「5つの同じ」と「魔法の70点」楽しむためのミチシルベ

ミチシルベがあると道に迷わない──ヒントをまとめてミチシルベ

知識ゼロでもミチシルベがあれば迷わない

世の中に、沢山の「美味しいヒント」があふれているので、それらヒントをまとめてミチシルベを立てておきました。

ミチシルベ──これはとっても大事です。

軽い登山にで出かけたとしましょう。なんの案内看板もない山道を歩けますか。答えは、「怖いからやめとこっかな？」ではないでしょうか。ミチシルベがなかったら不安でしょうがないはずです。

今、ワイン選びをしている私たちは、まさにその状況。この世の中にはワイン選びのヒントがあふれています。だからこそ、迷い悩んでしまいます。

でも、忘れちゃいけないのが、デイリーワインは楽しむ物。楽しく安全に山を登って、山頂で乾杯したいものです。

そのために、膨大なヒントをまとめて、何か所かにミチシルベを立てておきましたから、みなさんで登頂いたしましょう。

デイリーワインのミチシルベ――入口を狭めて整理整頓

美味しい！　にたどり着くためのワインの選び

美味しい！　にたどり着くためのワインの選び入口は、次の２つだけ。

・きょうのオカズからワインを探すのか
・ワイン自体を探すのか

みなさんは、普段どのようにデイリーワインを探していますか。

その前に、このデイリーワインという言葉もあいまいなので、ミチシルベをつくっておきましょう。

デイリーワインのミチシルベ

・2，500円（税別）以下のワイン
・スーパー、酒屋など身近で売られているワイン

さあ、すっきりしましたね。では、ワインをどのように選んでいますか。
ワインに興味がある方々に聞いた結果はこちらでした。

あなたは、普段どのようにワインを選んでいますか

・夕飯がお肉なら赤。魚介や野菜が多いなら白にしている。
・商品説明から美味しそう！　と感じた物を探す。
・きょうの気温と気分から探す。気温高かったら、スパークリングか白。寒かったら赤。
・お友達のおススメを購入する。
・お得になっている物で試す。
・売り場の一押し！　みたいなPOPを頼りに買う。
・お店の一番目立つところにあり、ラベルデザインがキレイな物。

などでした。その中でも多かったのは、「きょうのお夕飯に合わせてワインを買う」という方でした。
　例えば、「きょうは家族が揃うから、ホットプレートで焼き肉」という日は、「お肉だから赤」、「赤

の中でも1度飲んで美味しかった印象がある1本を選ぶ」、「魚や野菜が多いと思うときは、白にする」などのご意見。みなさん、実は、ご自身でも気がつかれていないだけで、すでにワインを上手に選び、楽しまれているようですね。

では、改めて、様々なご意見がありましたので、山頂までの登山ルートをつくりましょう。ルートが沢山あるとこちらも迷いますので、２本に絞りました。

と、いうことで、ワイン探しの入口を大きく２つに分けて考えてみましょう。

２つのルート

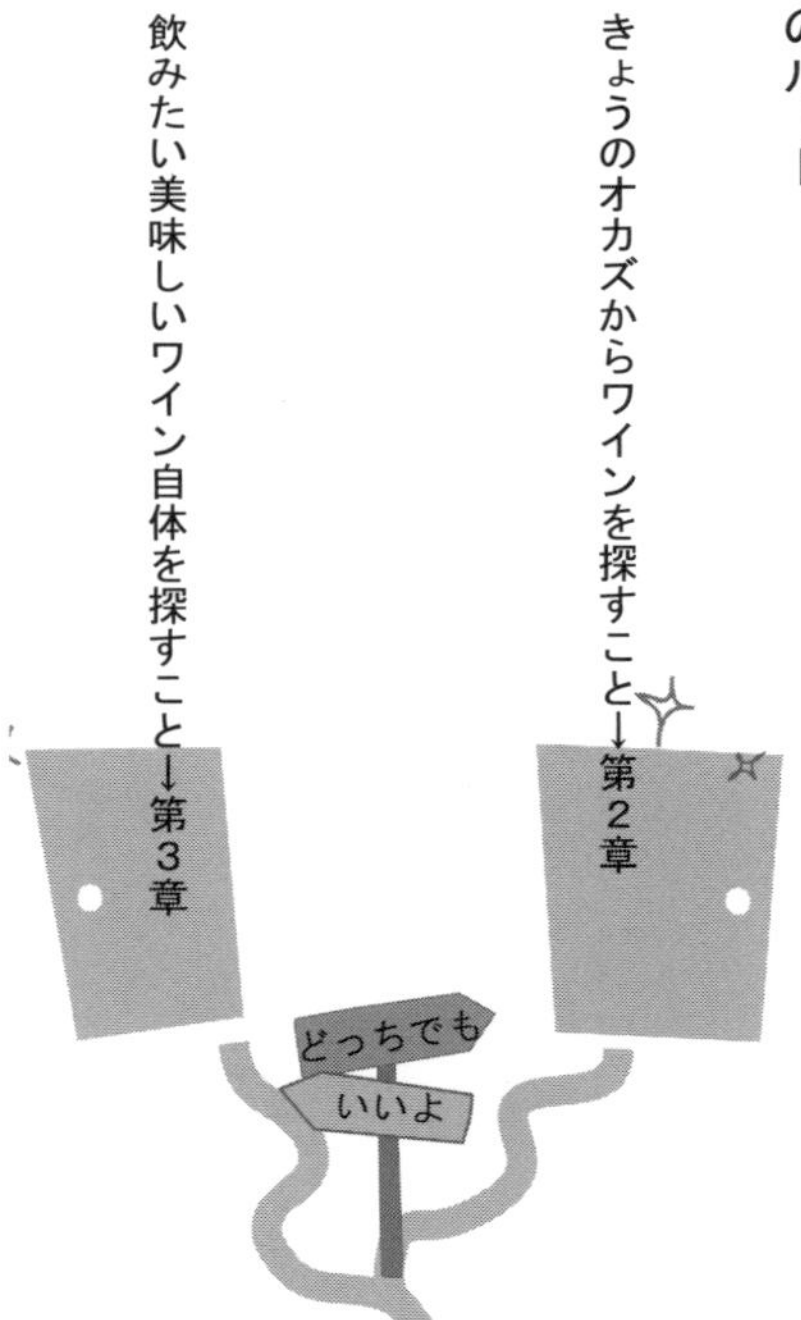
きょうのオカズからワインを探すこと↓第２章
飲みたい美味しいワイン自体を探すこと↓第３章
どっちでも
いいよ

オカズからワインを探すミチシルベ①　これが美味しい組合せ

料理（オカズ）からワインを探すとは

料理(オカズ)からワインを探すとはどんなことなのでしょう。

「料理からワインを探すなんて、ワイン知識ゼロでできますか」と聞かれると驚かれると思いますが、それについては断言しましょう。

あなたが、ソムリエでなくとも、あなたがワイン知識ゼロでも、答えは「できます」です。

その方法の1つが、「きょういただくオカズ」から、ワインを探すこと。

これこそ、簡単にワインを探し、「美味しい」にたどり着く方法です。

基準を設けることで、取捨選択の判断材料となります。選択する物がわかれば、膨大なワイン陳列棚の前で悩むことは

減ります。

普段のオカズは、高級フレンチより具体的にイメージできますから、現実的にワインを絞っていくことが可能になります。

さらに、もう1つ。それは、ここ5、6年で著しく変化を遂げている物があります。なんだと思いますか？　それは…。

販売店でのワイン情報量の飛躍的アップ

今やワイン生産者、ワイン輸入会社、ワインを販売する場所において、ワイン探しのヒントとなるわかりやすいワードを書いてくれるところが増えてきました。

私が住む近辺には、多くの大手スーパーが存在しますが、少し前まで、一部を抜くほとんどの店舗では、ワインの情報量が少なく、なにかよい改善案はないものかと考えていましたから、よくわかるのです。

商品説明ＰＯＰ、価格札内の情報、どれをとってもデイリーワインを選ぶ者にとって、よい時代が来たなとワクワクします。

本書では、それらのことも合わせてミチシルベを立てていますので、迷われることはないでしょう。

では、オカズを元にワインを探すならば、まずは、料理とワインってどんな風に合うのか？　を見てみましょう。

料理とワインの美味しい♪　はコレ

料理とワインを組み合わせることを、結婚になぞらえて「マリアージュ」と呼びます。最近では、フードペアリングなどのワードも浸透してきました。日本ソムリエ協会の教本でも、料理との組合せ方を教えてくれています。

また、ネットで、「料理とワイン」「料理に合うワインの探し方」などで検索すると、膨大な量の情報が出てきますので、1度参考にされるのもありだと思います。

ここでは、料理とワイン、お互いを高めあい、よりよい味わいを産み出すことを素晴らしいマリアージュとさせていただきたいと思います。「ちょっと難しそう」と思われる方、ご安心ください。もともと私たち日本人は、普段の食事でこのマリアージュを楽しむ食文化を持つ民族ですから、すでにマリアージュには慣れたものなのです。

例えば、真っ白いご飯に、塩分の効いたシャケ、なんとも素晴らしい組合せです。私たちは、知らず知らずのうちに、白いご飯を中心に、数種のオカズを囲んでは、口の中で様々な味わいをつくり出し、マリアージュを楽しんでいる人々なのです。

さて、きょうのオカズからワインを選ぶとき、まず、どのように組み合わせるのが美味しいのかを見てみましょう

料理とワインを成功させる世界に広がる一般的なヒント

世間がいう、ありとあらゆるヒントを次に羅列します。

- 料理とワインの香りや味わいなどが同じ物を選ぶ。
- 料理に対してワインの味わいが正反対の物。しょっぱい料理に甘いワイン。
- 油を使う料理にほどよいタンニンがあるワイン。
- 塩分が効いた料理にタンニンがあるワイン。
- 油を使う料理にスパークリングワイン。
- レモンを絞る料理にレモンのような酸味のあるワイン。
- とても辛い料理にはワインは合わせづらい。
- 山でつくられたワインは肉、海近くでつくられたワインは魚介。
- 同じ土地で生まれ育った料理とワインを組み合わせる。
- デザートに甘口デザートワイン。

このように、様々なヒントが転がっています。

ところが、このようにとても膨大なヒントですので、「結局は、どれが正解なの」と、みな頭を抱えます。

そこで、散々、ありとあらゆる組合せを試した結果、簡単にわかりやすく、かつハズレを引きにくい５つの「同じ」に絞りました。

オカズからワインを探すミチシルベ②　「5つの同じ」ミチシルベ

5つの同じ

料理とワインの組合せが成功する「5つの同じ」があります。それは次の5つ＋α（番外）です。

①　同じ色
②　同じ価格帯
③　同じ出身（国、里）
④　同じ重さ
⑤　同じ風味
番外編「同じ甘辛度」

様々なヒントを元に試していく中で、比較的簡単に「美味しい」にたどり着ける組合せのみをチョイスしました。

これらを試すに当たって役立ったのが、ママ友持寄り会。子供の幼稚園時代は、頻繁にこの会を行っていましたから、持ち寄った様々なオカズとワインを一気に試すことができました。

そこでは、あえて「合わない」と言われる組合せも試し、実験を重ね、なぜ合わないのか？　な

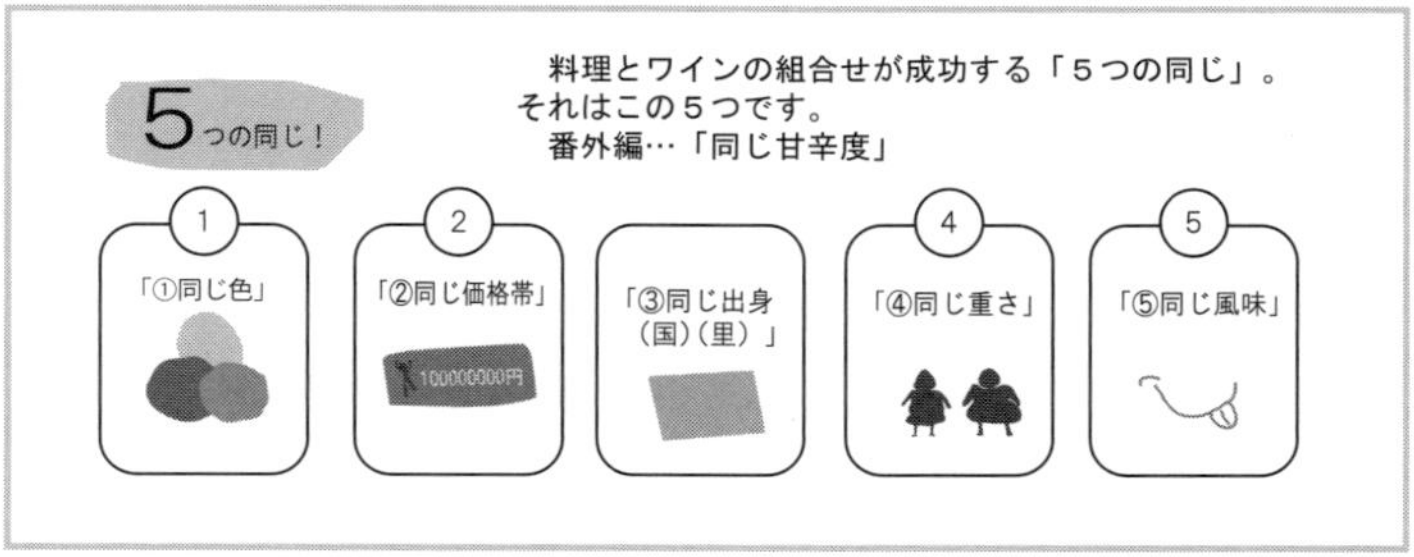

①　同じ色

②　同じ価格帯

③　同じ出身（国、里）

④　同じ重さ

⑤　同じ風味

ぜ合うのか？　を分析しました。すると、次のようなところに行き着きました。

・「これは、オカズとワインの色合いが似ている」

・「特に白ワインは、オイル分があると比較的うまくいくのかも」

・「和食の美味しいは、野菜のうま味とおダシのうま味。繊細だから重たい赤ワインだとオカズが死んじゃう」

・「オカズの重さとワインの重さも合ったほうがいいな」

・「さっぱりした味わいのものは、さっぱりしたワインがいいのかも！」

・「味噌や醤油もワインと合うんだね。発酵、熟成させるという工程がワインと同じだからかな？」

・「ならば、生野菜と渋い赤ワインがダメでも、キムチならどう？」

・「あ、やっぱりキムチならそこまで反発しない。やはり発酵食品は合うのだろうか？」

など。

本当にありとあらゆるものを試してきました。

その中で確信したのが、「同じ」が非常に重要な役割を果たし、かつ簡単にイメージできるということです。

それを、ワイン知識がなくてもたどり着けるようにまとめた次第です。

なお、「①の同じ色」と「④の同じ重さ」は、デイリーワインにおいては、しばしば比例することもわかりました。

正反対マリアージュ。これは、なかなかに難しく、意外とハズレを引いてしまったので、今回は省いています。こちらは上級者向け。

この正反対マリアージュを合わせられるようになる旅に出るのも、また楽しみの1つですね。

さて、「5つの同じ」に絞り、より簡単にオカズとワインが合わせられるようになりました。

しかし、疑問も湧きます。

この「5つの同じ」をどのように合わせたらよいのでしょうか。

・どれか1つが合えば素敵なマリアージュになるものなのか。

・1番素敵なマリアージュを完成させるにはどの同じと合わせるのがよいのか。

・どれとどれを組み合わせたほうがよいのか。

このような疑問を解決するため、「5つの同じ」を組み合わせて、それぞれの組合せに点数をつけてみました。

オカズからワインを探すミチシルベ③　組み合わせて点数をつけてみた

数字で評価

数字で評価されると、とたんにイメージしやすくなるのが大人の脳みそ。

では、具体的にこの5つをどのように合わせるとよいのでしょうか。

1 「①同じ色」

2 「②同じ価格帯」

3 「③同じ出身（国）（里）」

4 「④同じ重さ」

5 「⑤同じ風味」

① ② ③ が一致

70点 いい夫婦

お互いに足をひっぱることなく自立し存在し、
ワインが強すぎず、料理が強すぎず全体をまとめ
口全体に一体感が生まれ充分楽しめます。

① ② ③ ④ が一致

80点 とってもいい夫婦

ワインの楽しみが実感できます

① ② ③ ④ ⑤ が一致

90点 最高にいい夫婦

貴重な存在です。このマリアージュを探す旅こそ
ワインの楽しみでもあります

番外編　同じ甘辛度

甘い食事に甘いワイン、辛い物に辛いワイン

番外 「同じ甘辛」

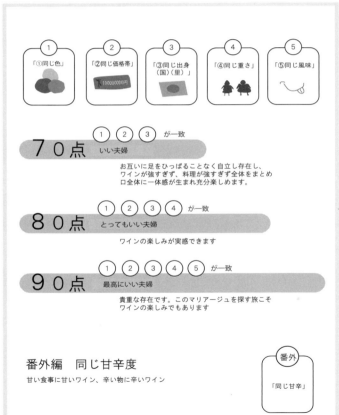

・「①　同じ色」だけだと、50点……アテにはなりません。
・「③　同じ国」だけだど、60点……それほどアテにはなりません。

そして、５つの「同じ」がすべて合っても、あえて90点としました。

１００点にはならないところが、これを探す旅の面白さ。全部を食べずに少しだけ楽しみを残しました。

では、気になる１００点はと申しますと、これが不思議と理屈では表せない例外があるようでして、ワインと料理の色も違えば、国も違う、なんていうものも存在し、１００点探しの旅は終わりがなさそうです。

番外編の甘辛度

この甘辛度、例えば、こんなときに合わせます

「みりんを使う煮物」に半甘口の白ワイン。

こちらの「同じ甘辛度」で合わせることで、より一層美味しいにたどり着くのです。しかし、後に紹介しますが、甘辛度の記載があるものは、総じて白ワインが多く、赤ワインは甘辛度の説明がないものがほとんど。

また、甘口ワインは、ワイン専門店以外の、通常のスーパーや酒屋にはそれほど種類はなく、大型スーパーに３、４種類あれば優秀。ほとんどの白ワインは、辛口か、半辛口ワインがデイリーワ

イン市場を占めていますので、あまり深く考えず、楽しむためにも、番外編としました。

しかし、もし甘口ワインを見つけたときは、スイーツなどに合わせて試してみてください。

甘辛度　ミチシルベ

・半甘口の白ワイン……みりんを使った煮物→大根煮、筑前煮、ほんのり品のある甘味の野菜料理に
・甘口ワイン……デザートに

オカズからワインを探すミチシルベ④　知識がゼロでもワインが選べるようになる「魔法の70点」

70点

この70点が合格ラインであるとともに、まったく知識がなくても、ワインにたどり着く魔法の70点であり、お店でのワイン探しの順番にもなる70点です。

合格点70点は「魔法の70点」

70点。低いですか、高いですか。私は、これは「おー。なかなか頑張ったね」の褒められる点数としてつけています。70点は頑張った、80点は優秀、90点なんて超立派。

さて、ワイン初心者の私たちは、どこを目指しましょうか。
最初から90点は、さすがに難しそうですから、まずは70点を目指しましょう。

① 同じ色
② 同じ価格帯
③ 同じ国（里）

また、この情報だけで、美味しいマリアージュになっているのかと思われると思いますが、ここで大事なのは、③の「国」です。

70点の中で一番大切なのは「同じ国（里）」

70点を目指す上で、大切なのが、「同じ国（里）」です。この「国」が料理の雰囲気とうまく当てはまると、ワインとの相性がぐっと高まります。

さらに、難しいのですが、「里」までが当てはまると、ブドウの品種の特徴やその味わいがわからなくても、⑤の「風味」まで一致していることがしばしばあります。

これは、その国の水、空気が、育成されるブドウとともに、食材にも同じ影響を与えていることはもちろん、そこに住む人たちは、自ずと組合せをよいものにしようと考えるのは自然なことですから、「国（里）」が上手に当てはまると70点が80点にも90点にも変化することがある、というワケです。

70点を合格点にした理由は2つ

1つには、デイリーワインを飲むシチュエーションを考慮してです。

日本の家庭は、すべての料理を御膳に集め、口内マリアージュを楽しむスタイルです。

仮に、「このワインはシャケに合います！」といったところで、同時にシャケ以外も食べ進めていますよね。

私たち日本人が楽しむワインとは、比較的ハズレなく、どのオカズにも合うことが理想的であり、結果、美味しいを産み出すことに繋がります。

ピンポイントで1つの料理との相性を考え過ぎて90点を狙うと、楽しむことを忘れてしまいますし、他のオカズには合わないなんて寂しい結果も生みかねません。したがって、ゆるっと考え、70点が理想的なのです。

2つめには、70点の組合せ＝お店でワインを選ぶ順番が、70点の組合せだから。

この時点でワイン知識がまったくなくても、ワインにたどり着ける順番となっていること。

仮に、ワインボトル自体に記載されている商品情報しかないお店であっても、ワインを探し出せる組合せであること。

そう、この情報は、日本全国、どのお店のワインコーナーでも応用が効くのです。

70点と80点の違いというのは、「④の重さ」の一致なのですが、実はこれ、総じて「①の色」と連動します。

色が薄いと重さは軽い。色が濃いと、重さは重い。しかしながら、「重さ」の表記は、すべてのワインショップで必ずあるワケではなく、お店によって異なりますので、区別するために点数に違いを持たせました。したがって、ワインの「重さ」の情報をくれるお店ならば、80点を取得することは簡単です。

では、さっそくワイン店へ行ってみましょう。

お店でのワイン探しミチシルベ①　お店でのワイン探しも「魔法の70点⁉」

色↓価格帯↓国の順番で探す

お店でワインを選ぶ順番があります。

ワインコーナーは、ワイン専門店や大型店舗以外、ほとんど赤・白・泡に分かれて陳列棚に並びます。

棚の上部から金額の高いワインが並び、一番下が一番安いワイン。

その中で国別にまとまっていることがほとんど。つまり、「①の色」で、陳列棚の横幅を3分の1に狭め、「②の価格帯」で、陳列棚の縦幅を狭めてくれます。

その中から、「③の料理と同じ国」を探せばよいので、ワイン選びが非常にスムーズになるのです。

70点が合格ラインとともに、
まったく知識がなくても、
ワインにたどり着く点数。
色→価格帯→国の順番で探す。

①の「色」で、陳列棚の横幅を3分の1に狭め、

②の「価格帯」で、陳列棚の縦幅を狭めてくれます。

③その中で、料理と同じ「国」を探せばよいのです。

なお、ワイン専門店や大型スーパーなどでは、ワインは国別で置かれていることがあります。

その場合は、「③の国」→「①の色」→「②の価格」から探しましょう。

では、行ってみましょう。

オカズからワインを探すミチシルベ

・「①の色」で、陳列棚の横幅を3分の1に狭める。
・「②の価格帯」で、陳列棚の縦幅を狭める。
・「③の料理と同じ国」を見つける。
・ワインを国別で陳列しているお店は、「③の国」→「①の色」「②の価格」の順で探す。

きょうのオカズから好みのワインを探す練習クイズ

ここでは、きょうの夕飯からワインを探すクイズです。これこそ楽しい時間の始まり。

想像してみてください。あなたは、きょうは、ハンバーグをつくることにしました。

さあ明日は、お仕事は休み。ゆっくりワインを空けたいものです。

ワイン売り場に行くと、ざっくり5mほど長い陳列棚。あなたは、この中から、美味しい1本を選べますか。

「う〜〜〜ん、何がいいんだろう?」から、「○○○だから、△△△で探して楽しもう」に変わりますよ。

練習クイズ　家庭料理　ハンバーグ

トマトケチャップに中濃ソースを加え煮詰めてつくったソースを、焼いたハンバーグに絡めていただく。このオカズのシーンは、時間に余裕がある日の夕飯に。

温め直していただける便利さ。多めに焼いて冷凍しておけば別日にも。キノコをたっぷり入れたソースの煮込みハンバーグや、デミグラスソースで仕上げても美味しいですし、どんぶりご飯に乗せて目玉焼きを乗せれば、ロコモロ丼風。

小さ目につくって、冷凍し、お弁当や野菜鍋に入れるのもアリです。ああハンバーグ様ありがとう。

そんないわば国民食ともいえるハンバーグ。このオカズからワインを探す旅に出ましょう。

では、早速、色から見ましょう。

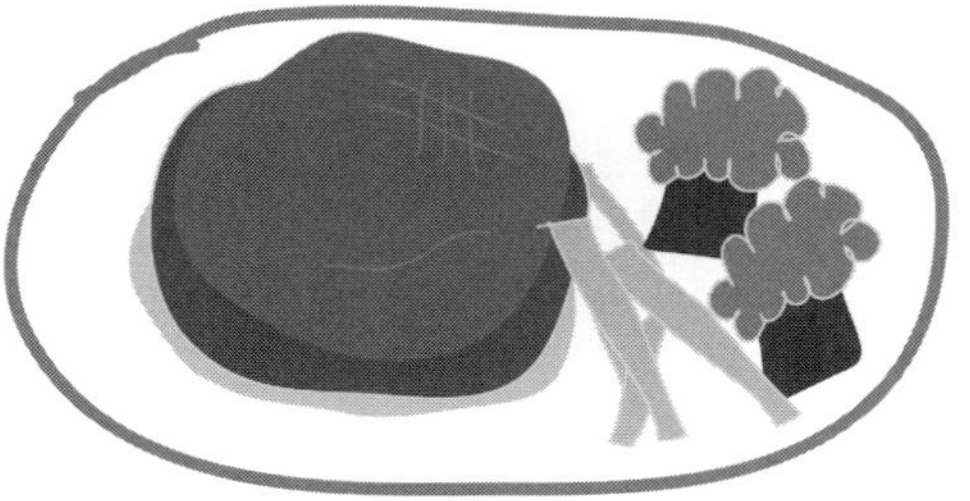

① 「色」

「赤」と判断。

イメージしてみてください。全面トマトケチャップと中濃ソースを煮詰めてつくったおソースが、ハンバーグ全体を包んでいるように見えます。白色に近いかといわれると、やっぱり「赤」だと感じました。

また、ハンバーグを脳内で半分に割ると、こげ茶色に近い色。鶏肉のような白身のお肉の色味ではないですね。なので、色は「赤」で行ってみましょう。

この時点で、ワインの陳列棚の横幅を3分の1に絞れました。

もう少し見てみましょう

ソースの色は、デミグラスソースほど濃い物ではないですが、新鮮なトマトの赤色とは取れません。そんなときは、同じ赤でも、中~濃い色の赤を選んでみてください。

お店でワインの色味を見たくても、ボトルの色が邪魔します。

そこで、色の薄めの赤ワインを探す際は、ボトルの首や底の部分を店の蛍光灯にかざして斜めにし、向こう側がほんのり透けて見えれば薄い赤ワインです。反対に、色の濃い赤ワインを探す場合

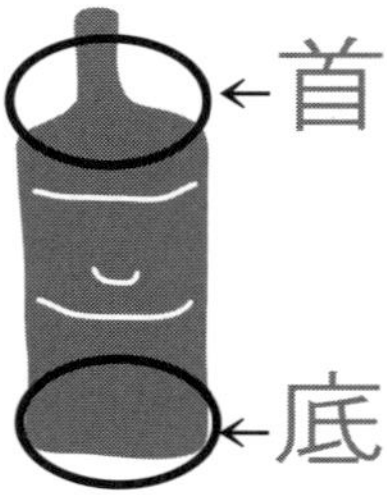

は、向こう側がまったく見えない物を選びましょう

また、お店によって異なりますが、ワインの「重さ」の情報があれば、薄い色は「軽い」、濃い色は「重い」と表記されることがほとんど。

「④重さ」との一致は80点取得となりますが、お店に情報がある方は、こちらで合わせて選ばれるのもありです。

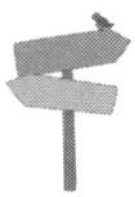

ワインの濃い薄い　ミチシルベ

・同じ色でも、薄い色から濃い色で色分けしてオカズと合わせましょう。
・ボトルの首や底の部分を斜めにし、向こう側が透けて見えるのが薄い色。ほぼ見えないのが濃い色。その間、ようやく向こう側が見えるのが、中程度の色となります。
・色味がわからないときは、軽口~重口表記で確認。
・軽口は薄い色が多く　重口は濃い色が多い。

②「価格」

価格は、ハンバーグはお肉ですが、ステーキなどに比べたら決して高い物でありませんので、中価格の物。となれば、ワインは　2，000円以内で探したいところ。

デイリーワイン選びの1つの基準に、食材費とワイン代が同じ程度と考えるとよいでしょう。

ワインは、1本3人分程度。ワインの価格は、3人分の材料費と同じぐらいか、それより少し高めと考えると、選びやすくなります。

高い安いミチシルベ（すべて税別）

・デイリーワインの低価格は800円～1，000円。
・中価格帯は1，000円～2，000円。
・高価格帯は2，000円～2，500円。

なお、デイリーワインに絞らなければ一般的に高価格帯は、3，000円以上と思われていることが多いようですが、そのあたりの金銭感覚はお任せいたします。

さあ、さほど難しくなく値段も定まってきましたね。あなたは、すでに長いワインの陳列棚の一部まで絞れた場所にいますよ。なんだかワクワクしますね。

では、ここからが、70点を取る上で、とても大切な内容となります。

③「同じ国（里）」

国で見てみましょう。

「ハンバーグって、どこの国の食べ物ですか」と聞かれた場合、ドイツ？　ヨーロッパ？　なんだか曖昧です。

それは、私たちが普段よく食している家庭料理のほとんどが、どこかの国のアレンジ料理であり、それが発展し、すでに日本食と化しているからです。

そんなときは、まずは連想ゲームです。

例えば、ハンバーグ↓ドイツやヨーロッパ。とくに、トマトケチャップベースのソースと考えると、イタリアやスペインもありかも！　など、連想して国を定めていきます。

お店に行くと、「考えていた国のワインがない」ということもありますが、そこは悩まず、すぐ第二候補の国に渡航してください。

ワイン選びは、海外旅行感覚で楽しみましょう。

料理の雰囲気と国が近くなると、より一層「美味しい」にたどり着きますので、どんどん連想してみることが大切です。

次の連想ゲームをご参考にしてみてください。

料理の発祥元を連想ゲームで探してみよう

・家焼き肉のお肉がオーストラリア産ならオーストラリアのワイン。
・他のお肉ならアメリカ、オーストラリア、アルゼンチンなど、お肉をよく食すイメージのある国。
・アレンジ料理で連想不可ならば、様々な国の影響を受け、多様な人種、民族の影響を受けた国、アメリカ、南アフリカなど。

・小麦粉を加工した物ならば、小麦粉を上手に活かす国、イタリアもありです。パスタやピザ、お好み焼きや、たこ焼きと合わせるときなどにも重宝します。
・ラザニア、グラタンなどもイタリアやフランスのワイン。
・魚介料理アクアパッツア、ブイヤベースなどの料理なら、イタリアやフランスで、さらに海が近い場所でつくられたワイン。
・BBQやハンバーガー、フライドポテトならアメリカのワイン。
・オーストラリア牛のローストビーフならオーストラリアのワイン。
・トマトやオリーブを使った料理ならイタリアやスペインのワイン。
・トンカツ、牛カツ、コロッケ、メンチカツならヨーロッパのワイン。
・生ハム、オリーブなどのおつまみはイタリア、スペインのワイン。
・ジャガイモ料理コロッケ、ポテトサラダ、肉ジャガなら伝統的にジャガイモ料理を多く食すドイツ、フランスはアルザスのワイン。
・フォンデュ、ラクレットなどのチーズ料理ならスイスやヨーロッパのワイン。
・香味スパイスやハーブを使う料理↓イタリア、チリやアルゼンチンなど、お肉とハーブなどを使った料理が多い国のワイン。
・中華料理で使うスパイスも同様↓チリやアルゼンチンもおススメ。
・中華料理、インドなど、その国でワイン生産量が少ない国↓多様な人種、民族の影響を受けた国、アメリカ、南アフリカ、チリ、アルゼンチンなどもありです。

では、ハンバーグのまとめをどうぞ。

ハンバーグから探したワインは

ハンバーグから探したワインは、色は、中～濃い色の赤ワイン、値段は1，５００円～2，０００円以内が理想的。国はドイツまたはヨーロッパ。

ワイン名：サンタ　エマヌエラ　モンテプルチアーノ・ダブルッツォ／色：赤／価格１，３００円（税別）／国：イタリア／輸入元：三井食品株式会社

ワイン名：リヴァータ　バルバレスコ／色：赤／価格１，６８０円（別）／国：イタリア／輸入元：富士貿易株式会社

ここまで答えを出せている自分に驚くはずです。

たった今までワイン陳列棚を前に、あなたは悩まれていたのですから。

アンケートでは、このような声もいただきました。「ワイン専門店で店員さんに質問されるのが不安だった」と。もうその心配もいりませんね。だって、あなたはもう、「色は、中～濃い色の赤ワイン、値段は2，０００円以内で、国はドイツまたはヨーロッパで探しています」とはっきり伝

えられるんですから♪

ドイツの重たい赤ワインを探せない

実際にお店に行かれてワインを探すと気がつくと思います。２，５００円以下で、ドイツの赤ワイン、特に重たい赤がないことに。

まったくないワケではないのですが、実は、私も飲んだことがありません。

ドイツといえば、冷涼な気候から酸味が高く、繊細な味わいの白ワインが有名。そんなときは、迷わずドイツ以外の国で探してみましょう。第二候補、第三候補の国にすぐ渡航しましょう。

ハンバーグは家庭によっても味わい様々だから、国も様々

ハンバーグってみんな大好きな食べ物。でも、その家庭によって味わいは様々ですよね

少し、例を出しますね。

・スパイスやドライハーブを加えた大人ハンバーグ↓ひき肉とハーブの料理のイメージからチリ、アルゼンチン、イタリアもチョイス。

・ハンバーガーのようにパンに挟んで召し上がる方↓ハンバーガーをイメージして国は、アメリカをチョイス。

・オーストラリアビーフでボリューミーに仕上げる派↓国はオーストラリア。

・炭火ＢＢＱで焼く拘り派↓週末にＢＢＱをするイメージのアメリカもいいですね。
正解は、自分にあって他人ではない。とは、まさにこのこと。
わが家の味から探すワインが正解◎

練習クイズ　家庭料理　キャベツが入ったペペロンチーノ

パスタの時点で、国はイタリアを想像された方は多いのではないでしょうか。

そして、この料理シーンは、休日。家族分をつくるならば、パスタは家族が揃う日が鉄則。

家族がバラバラに帰宅する日は、まるでレストランのごとく、１日に何回もパスタをつくることになってしまいますので……。

パスタとワインだなんて、休日に、家族みんなで、お友達と家飲みランチ会に、考えただけで幸せです。

①「色」
「白」と判断。

キャベツも赤色に近いとはいえず、パスタに見つける赤色ならば唐辛子の赤ぐらいでしょうか。しかし、決して大量に入っているわけではなく、あくまで料理のアクセント程度ですので、「白」を選びました。白の中でも、薄い黄色よりは色味は、多少欲しいところ。

なぜならば、オリーブオイルをそれなりに使います。オリーブオイルは、しっかり粘性があり、黄色や緑色の色味があります。キャベツもパスタも決して濃い色ではありませんが、色の薄い黄色よりは、それなりの色味を持っておりますので、色の薄い白ワインというよりは、すこし黄色味がかった白でよいと思います。

なお、色の薄い白ワインを選ぶときは、透明ボトルに入っているワインがあれば、それは比較的色の薄い白ワインの場合が多く、熟成させない軽口の白ワインに透明ボトルを使用するワイナリーが増えているように思えます。

白ワインでも、多少黄色味を帯びた物を探すときは、薄緑色や、薄茶色のボトルに入っていることが多いです。なかには、ものすごく濃い色の黄色を見かけることがあると思いますが、こちらは、「甘口ワイン」がほとんど。

白ワインの色味　ミチシルベ

- 薄い色味を探すときは、透明ボトルに入っている物をチョイス。
- 中程度の黄色味のワインは、黄緑色や薄茶色のボトルに入っていることが多い。

・非常に濃い黄色は、甘口ワインの場合が多い

赤ワイン同様、軽口の物は色が薄い。重口の物は、色が濃い場合が多いのですが、残念ながら、白ワインは、どのお店も、「重さ」の情報はないところがほとんど。

しかし、白ワインは、赤ワインよりも重さの幅が狭く、特にデイリーワインでは、さほど大きな差はみられませんので、白ワインの重さに対して、あまり迷い過ぎなくてもよいと思います。

②「価格」

キャベツ入りのペペロンチーノ、食材の原価からしても、高価ではありません。最低限の食材でよくあそこまでクオリティの高い料理を産み出したものだ！　と感心します。価格は1，０００円程度のワインで充分楽しみたいです。

③「同じ国（里）」

国はイタリア。パスタというと、イタリアのイメージかと思います

そう、物事はシンプルに。自分が思った直感を信じてみてください。味わうのは自分なのですから。

キャベツ入りペペロンチーノから探したワインは

キャベツ入りペペロンチーノから探したワインは、色は薄い黄色よりは多少黄色味がある白ワイ

ン。価格は1，０００円程度。国はイタリア。希望の価格帯がなければヨーロッパ

ワイン名：ファンテーニ　ピノ　グリージョ／色：白／
価格１，４００円（税別）／国：イタリア／輸入元：株式会社稲葉

ワイン名：マリウス　ブラン／色：白／価格１，５７０円（別）／
国：フランス／輸入元：日本酒類販売株式会社

ペペロンチーノも家庭によって様々

シラスが安く手に入ったときは、どっさりシラスを加えてつくることもあれば、春先の美味しいキャベツがあるときは、キャベツを多めに。ハムやベーコンが冷蔵庫に残っていたら、それも加えるなど、つくり方はいろいろ。気がつけば、徐々にペペロンチーノとは言えないパスタが完成することもしばしば。

そんなときも、まず、色を合わせましょう。

見るからにハムがたっぷりならば、ロゼもありでしょうし、シラスがたっぷりならば、色味もキャベツのときよりも、さらに薄い黄色で、同じイタリアでも海の近くでつくられたワインのほうがさらに美味しさがグッとアップします。

練習クイズ　家庭料理　ボロネーゼ

ボロネーゼといえば、トマトソースベースで、豚や牛肉をたっぷり使ったソースと麺と絡めたパスタ。つくる家庭により、玉ネギたっぷりのさっぱりタイプから、チーズを多めに加え、麺とソースを絡めた後に少々焼いてコクを出すタイプなどいろいろ。どのタイプにせよ、トマトとお肉が主体のパスタです。では、また、色から見ましょう

①「色」

麺の白い部分もほぼほぼ煮詰まった茶褐色に染まり、全体に赤茶色。なので、色は「赤」。

さて、同じ赤でも、薄いか濃いか。

わが家のボロネーゼは、トマトをしっかり煮詰めるので少し濃い目。とはいえ、やはりデミグラスソースや、味噌煮込みうどんのような濃い茶色ではないので、中程度の色味。

店のワインボトルを斜めに傾け、ボトルの首か底の部分を蛍光灯にか

ざして、向こう側の文字が見えるか見えないか程度の色味がよいです。

②「価格」

価格は、牛ひき肉をたっぷり使うならば、先ほどのキャベツのペペロンチーノよりは明らかに高くなります。

そうは言ってもひき肉ですから、ステーキ肉とは異なります。中価格帯の１，５００円程度、出しても、２，０００円以内。

③「同じ国（里）」

国は、ペペロンチーノと同様の考え方でよいでしょう。ここでは、イタリアのワインで試してみましょう。

ところで、知っている方も多いと思いますが、ボロネーゼは、どこが発祥かと申しますと、イタリアのエミリア・ロマーニャ州の中のボローニャという街近辺が発祥とされています。

ここは、美食の街としても知られ、プロシュート（生ハム）やサラミといった肉製品、そしてパルミジャーノ・レッジャーノチーズの生産地でも大変有名です。

エミリア・ロマーニャ州のワインか、その近辺の地域のワインと合わせると、かなり美味しい組合せが生まれそうです。

なお、「ランブルスコ」という赤の微発泡ワインがそれに当てはまります。

ボロネーゼから探したワインは

ボロネーゼから探したワインは、色は中程度の濃い赤色、価格は１，５００円～２，０００円程度、国はイタリア、理想は、エミリア・ロマーニャ地方か、その近くのワイン。

ボロネーゼ用に選んだワイン。実は、最初のハンバーグ用に選んだワインと条件が似てる！　と気づかれましたでしょうか。

ハンバーグのほうがボロネーゼよりお値段差が少し高いワインのほうが合いそうですが、ハンバーグ用に購入したワインが残ってしまったときなど、冷蔵庫で３日は持ちますので、違う料理と合わせてみることをおススメします。

ワイン名：サンタ　エマヌエラ　モンテプルチアーノ・ダブルッツォ／色：赤／価格１，３００円（税別）／国：イタリア／輸入元：三井食品株式会社

ワイン名：セネージ・アレティーニ　キャンティ／色：赤／価格１，０９７円（税別）／国：イタリア　トスカーナ／輸入元：株式会社オーバーシーズ

トマトとお肉を使った料理にイタリアの赤ワイン「キャンティ」

イタリアにキャンティという赤ワインがあります。気軽に楽しめるワインで有名です。

このワインは、サンジョベーゼというブドウ品種でつくられるのですが、熟成が進むと土を思わせるような香りが特徴です。高品質な物は、動物の皮革のような香りが感じられます。

それは、同じキャンティでも、キャンティ・クラシコと名乗るワインで、おおよそ3，０００円以上が相場。

そのキャンティとキャンティ・クラシコは、ともにボロネーゼの里エミリア・ロマーニャにとても近いトスカーナという場所でつくられます。里が近いだけあって、ボロネーゼとキャンティ、または、サラミ、パルミジャーノ・レッジャーノなどのおつまみに最高に合います♪

ぜひお試しください。

練習クイズ　家庭料理　餃子

餃子も日本の家庭でよくつくられる料理。市販の物を購入してパリッと焼いても美味しいですし、家族みんなで皮からつくる休日、なんていうのも楽しそう！

友達を呼んで餃子パーティー♪　なんていうのも最高です。

わが家は、皮は市販、具材を手づくりし、全員で包むのが理想……。

ホットプレートを準備し、テーブルの真ん中で焼きながらいただきます。

餃子ですから、ビールもいいですね。でも、私ならば、よく冷やしたスパークリングロゼも候補に入れます。

なぜか、解き明かしてまいりましょう。

では、色から見ましょう。

① 「色」

実は、これはアンケート結果が一番割れた最難関オカズ。他には、焼売も同様。

「えー、どれがいいのかな」と決めるまでに相当な時間をかけていました。濃い黄色の白ワイン？色の薄い赤ワイン？　ロゼ？　と様々でした。

ご家庭ごとに、皮を焦げ目が多めにつくまで焼くお家、お肉たっぷりタイプ、キャベツや白菜たっぷりタイプの方、それぞれ、イメージされた色味が異なるからではないでしょうか。

また、わが家では、羽をつけてパリッと焦げ目もしっかり入れる派なので、色は白かロゼ。白なら焦げ目を考え、薄い白ワインではなく、中程度のそれなりに黄色味がついている白ワインを探します。

②「価格」

価格もそれほど高価な材料ではございませんので、1，000円～1，500円で探したいものです。

③「同じ国（里）」

国は中国。

しかし、中国産のワインを一般的なスーパーでは見かけることはありません。

そんなときは、様々な食文化がある国や多様な人種、民族の影響を受けた国。アメリカや南アフリカなどもよいと思います。

　または、餃子の皮は小麦粉からつくりますので、パスタなどの小麦粉を活かした料理をよく食す、イタリアもありではないでしょうか。

餃子から探したワイン

・色は中程度の黄色い白ワインかロゼ。
・価格は、１，０００円～１，５０００円程度。
・国はアメリカ、南アフリカ、イタリア。なければヨーロッパ。

ちなみに、色と国で迷える餃子と同様に「焼売」もランクインしました。
焼売は、餃子同様の条件と非常に似ているので、餃子で選ばれたワインを焼売でいただくことも可能です。

ワイン名：ベルトラン　レゼルヴ・スペシャル　ヴィオニエ／色：白／価格１，３６３円（別）／国：フランス／輸入元：株式会社ファインズ

ワイン名：ボッテガ イル・ヴィーノ・デイ・ポエティ ロゼ ブリュット／色：ロゼ／価格９７３円（別）ハーフサイズ／国：イタリア／輸入元：日本酒類販売株式会社

練習クイズ　がんばらない日の市販品　焼き鳥（タレ）

きょうは、焼き鳥を買って帰ることにしました。

焼き鳥は、モモ、ネギマ、つくねなどが一般的ですよね。スーパーで購入もいいけれど、ぜひ焼き鳥屋さんの店頭で買いたいもの。どれもパリッと焼かれておいしそうです。

お店でいただくのも美味しいのですが、お家飲みのよい点は、自分好みにワインと合わせられることです。

トースターで焼き温めながらワインをいただくのがおススメ。そんな理由もあって、わが家のトースターはテーブルのすぐ横にスタンバイ。冷蔵庫で待たせているエビ、シイタケ、アスパラと一緒に焼きながらいただきます。

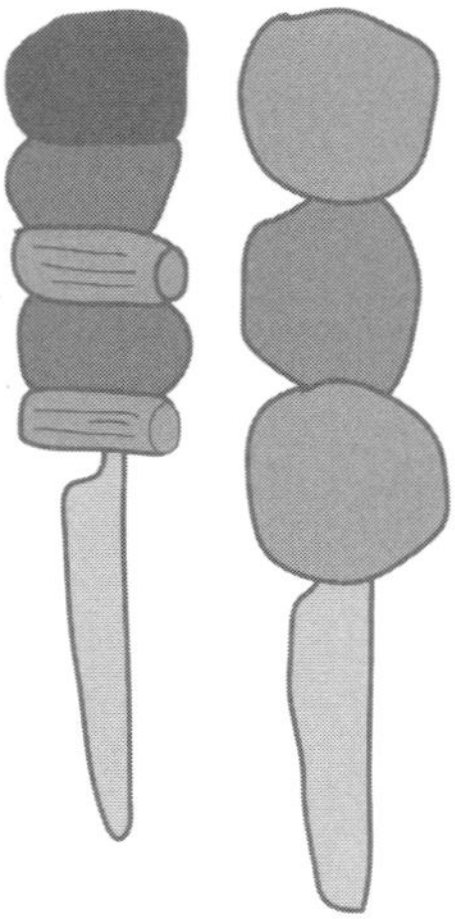

家族が揃う夕食におススメです。

さて、焼き鳥（タレ）場合、ワインは何がよいか考えてみましょう

①「色」

色は赤と白ならどちらを想像しますか。私ならば赤。

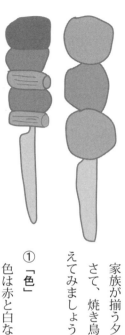

つくねのタレの色味を想像しました。

焼き鳥のタレは、タレといってもデミグラスソースほど濃い物ではなく。また、使用量も少量です。なので、ワインも同じ赤でも薄目の赤色にします。

②「価格」

焼き鳥は同じ肉でもステーキなどに比べたら決して高い物ではありませんので、低価格から中価格の物。つまり、ワインならば ２，０００円以内で充分。

焼き鳥を２、３人分、大体10本買って１，５００円の支払いならば、ワインも１，５００円程度が理想的。

③「同じ国（里）」

「焼き鳥って、どのこの国の食べ物ですか」と聞かれるとやっぱり日本。焼き鳥は日本食。日本ワインの赤があれば合いそうですが、日本ワインの取扱数量はまだまだ少ないので、そんなときこそ連想ゲーム。

例えば、焼き鳥→炭で焼く肉が美味しい→炭で焼く肉→ＢＢＱ→ＢＢＱならきっとアメリカやオーストラリア！ などと連想して答えを出してみてください。

考えた国で見つからなければ、お肉をよく食すイメージの国などをチョイスしましょう。

焼き鳥（タレ）から探したワイン

・色は、薄めの赤。
・値段は1，000～1，500円程度が理想。
・国は日本、アメリカやオーストラリア、お肉をよく食すイメージの国。

ワイン名：スリー・シーヴズ　カリフォルニア　ピノ・ノワール／色：赤／価格1，890円（別）／国：アメリカ／輸入元：布袋ワインズ株式会社

ワイン名：カントアルバ　ピノ・ノワール／色：赤／価格1，390円（別）／国：チリ／輸入元：パンジャパン貿易株式会社

ところで、タレ、塩まぜて買われる方も多いはず。そんなときは、タレと塩の購入する割合が多いほうにワインを合わせてみてください。

迷ったときの裏ワザはロゼ

迷ったら、困ったら、わからなくなったら、ロゼ。しかも、スパークリング。「そんな単純ですか」と思われるかと思いますが、はい単純です。シンプルです。

そして、このロゼの万能なこと！　特にスパークリングのロゼワインは、油分があるボリュームの軽いお肉料理などによく合います。口の中でさっと油を切って、ほどよい酸味が広がります。

ところが、日本の市場は、選べるほどのロゼワインを置いていませんよね。選択肢がないということは、迷わないということ。ポジティブにとらえ、迷って決められなくなってしまったら、1度ロゼのスパークリングで試してみてください。

迷ったらロゼがいいかも！　のオカズ　ミチシルベ

・餃子、焼売→まわりの皮の色から白を選びたいところですが、豚肉多めの餃子や焼売の場合、中身はうっすらピンク~茶色。なのでロゼ。

・ハム、生ハム、スモークサーモンのサンドイッチやカルパッチョ→白？　赤？　と判断が難しいときはロゼ。

・魚介をたっぷり加えたトマト仕立てのスープ→魚介の白？　トマトの赤？　どっちと判断困難のときはロゼ

・石狩鍋、ちゃんちゃん焼き→シャケを使用していますが、野菜も多く味噌の色味もあるときはロゼ。どうやら、調理方法も影響しますが、豚肉と鮭、ハムはロゼを引き寄せるようです。

これらは、ぜひロゼワインを試してみてください。白ワインにはない力強さや、黒ブドウ由来のコク、ほどよく感じる渋みのニュアンスがお肉やお魚料理となじみます。

デイリーワインのロゼは、国を選べるほど品揃えがないお店が多いので、価格帯を合わせて購入してみましょう。

デイリーワインは何日で飲みきればいい？

おススメは5日以内。

3日以内に！　と言いたいのですが、現実はそうはいきません。

わが家は、毎回完璧に美しく飲み残ります。それを1週間以上放置したりします。さすがに少量残したワインの1週間後は、なんだかワインに冷蔵庫臭が少々、なんてこともありますが、世の中の現実はそのようなものでしょう。

お友達数名と飲むのが理想ですが、毎回そのようなシチュエーションではないですし、主人はお酒が弱いので、量はほとんど飲めません。

つまり、私は、数日後のワインの味わいを度々実験できる環境です(笑)。沢山余ってしまったら、カレーに入れる、ビーフシチューに入れるなど、煮込み料理に入れましょう。

練習クイズ　がんばらない日の市販品　焼き鳥（塩）

私は、塩派。そんな方も多いのでは。表面がパリッと焼けて、肉汁がじゅわ〜と染み出る間に、パラパラ振られた塩が口の中に同時に入る瞬間がたまりません！

焼き鳥を少し味わってから、ワインをゴクリ。うん！　いいですね。ちょっと冷え過ぎ？　と思われるぐらい冷やしたワインをグラスに注ぎ、徐々に温度が上がり、味わいが変わるのも楽しみの１つ。

暑い夏にはおススメの飲み方です。

①「色」

色は赤と白ならどちらを想像しますか？　私ならば白。つくね、モモしかり。鶏肉は白身のお肉、濃い赤のイメージはしませんでした。

白ワインといっても、お肉ですし、焼き色の茶色などから色の薄い黄色よりは、多少黄色味を帯びた白ワインがよいかと思います。

こちらもボトルの色が邪魔することがありますが、赤ワインよりは色がわかりやすいかと思います。

お肉の色とワインの色のミチシルベ

・鶏肉は白身のお肉。
・豚は白身のお肉ですが、鶏より味わい深いので、白またはロゼ。ときに色の薄めの赤。
・料理に使う調味料がオイスターソースや味噌など、色が濃い色の物なら、赤でも中程度の濃さの色味でも大丈夫。

・牛肉は、赤身のお肉。またグリルしたものは、焼き色の濃い茶色から想像し赤。しかも、濃い色の赤。お肉の種類によっても、ワインの色は選べそうですね。

②「価格」

価格は、タレ同様1，000円～1，500円程度のもの。

③「国（里）」

タレ同様、日本、アメリカ、オーストラリアあたりで探してみましょう。

焼き鳥（塩）から探したワイン

・色は白。薄すぎない、それなりにしっかりした黄色のワイン。

・値段は1，000円～1，500円程度が理想。

・国は日本、アメリカやオーストラリア、お肉をよく食すイメージの国。

ワイン名：ロバート・モンダヴィ　ウッドブリッジ　シャルドネ／色：白／価格1，080円（別）／国：アメリカ／輸入元：メルシャン株式会社

ワイン名：おたる醸造ナイヤガラ（白）／色：白／
価格１，２８０円（別）／国：日本／北海道ワイン株式会社

練習クイズ　がんばらない日の市販品　コロッケ

スーパーのお惣菜コーナーの定番。自分でつくるコロッケやメンチは格別ですが、毎日そこまで余裕がないのでは？　家に仕事を持ち帰る方、大量の洗濯物と格闘し、明日のお弁当の準備、子供のお手紙、書類の確認、家に帰ってからもやることはてんこ盛りの仕事三昧―そんなときは無理せずに市販品を頼りましょう。

妥協でお惣菜を選ぶよりは、考え方をすっぱり割り切って楽しむことにシフトチェンジ！「本日、夕飯作業休みます！」と宣言し、市販品で揃え、浮いた時間で料理に合うワインを選びに行く。ワインを選ぶ時間も楽しめますし、お料理だって美味しくなる。

すると、気持ちもウキウキするものです。

①「色」

これ、迷いますね。想像してください。茶色で楕円形。何色？　と悩むと思いますが、何かに包まれている料理は、まずは脳内で半分に割ってみてください。半分に割ると、ジャガイモが現れますね。お肉も見えますが、量は少なく、やっぱりジャガイモの黄色かな？　と判断できます。

なので、色は「白」をチョイス。周りの衣もありますし、薄い黄色を選ぶよりは、色味も多少はある黄色味を帯びた白ワインがよいと思います。

②「価格」

価格は、コロッケは1個200円前後もあれば買えますし、材料の値段からしても決して高いものではありませんので、ワインは1，000円代。1，500円で抑えられたら嬉しいです。

③「国（里）」

ジャガイモ料理を想像しました。伝統的にジャガイモを活かした料理が多いドイツ。フランスはアルザス。

または、オランダ人により伝わった西洋料理と考える方が多いのでは？

西洋発祥と思われた方は、ヨーロッパのワインを選んでください。

コロッケから探したワイン

・色は白。薄すぎない黄色。
・価格は1，000円〜1，500円程度。
・国は、ドイツまたはフランスのアルザスのものがあれば理想的。

ワイン名：ドップ・オ・ムーラン　リースリング／色：白／価格1，363円（別別）／
国：フランス　アルザス／株式会社ファインズ

ワイン名：レ・タンヌ　オクシタン　シャルドネ／色：白／価格1，100円（税別）／
国：フランス／株式会社モトックス

ジャガイモやウィンナー料理ならドイツやアルザスの白ワイン

ジャガイモ料理は、ドイツやアルザスの白ワインとよく合います。これは、ドイツやアルザス地方が、伝統的にジャガイモ料理を食しているからです。自ずとその料理に合うワインが生み出されてきた証し。

この白ワインで有名なのは、「リースリング」というブドウ品種を使用してつくられたワイン。ワインのエチケットにその名前が、小さくても書かれることがほとんど。またはワインの裏ラベル、価格札内の情報で探してみてください。

コロッケから選んだワインは同じジャガイモ料理に合う？

ジャガイモは、安価で日持ちする食材ですので、とても助かります。

「コロッケから選んだワイン、ポテトフライにも合いますか」との質問をいただいたことがあります。

コロッケとは異なり、衣がない分、コロッケよりは、黄色味の薄い白ワインでもいいかもしれませんが、この考え方はありです。

ワインもジャガイモも余ったりしますから、この方向で考え、数日楽しむのがおススメです。

・ころころポテト揚げ
・マヨ多めポテサラ
・お肉多め肉ジャガ

どれも、油分がキーワード。油が入ることでコロッケのように揚げた重さと似てきますので、肉ジャガにするにも、さっぱりよりはやや重みを感じる肉じゃがのほうが合います。

番外編デザート

デザートだってワインに合わせられます。

・甘い安納芋の焼き芋に、色がしっかり濃い黄色の、甘口白。
・ダークな濃厚チョコレートに、色がしっかり濃い重口赤。

これらデザートも、色を合わせると、うまくいく確率が上がります。

しかしながら、チョコの味わいを引き立てるために、あえて白を合わせることも。

また、ほどよい甘口のワインなら、様々な料理に寄り添います。理由は、味わいの基準に「甘味」が存在するからです。

人の味覚には、甘味、酸味、塩味、苦味、うま味とあり、甘酸っぱい、甘じょっぱい。味覚ではありませんが、甘辛いも形成されます。

ですから、味わいの基準に甘味が存在する、甘味が基準にあると言っても過言ではないというわけです。

チーズたっぷりのマカロニグラタン

①色　白　濃い目の黄色。
②価格　１，０００円～１，５００円程度。
③国　ヨーロッパ　グラタンなどのチーズや乳製品を使ったお料理はヨーロッパ発祥のものが多いと想像。

家焼き肉・牛肉編

ワイン名：マノワール・グリニョン　シャルドネ／色：白／価格1，185円（税別）／国：フランス　／株式会社オーバーシーズ

①色　赤　中程度の赤色。
②価格　1，500円～2，000円程度。
③国　アメリカ、BBQのイメージから連想。またはお肉を多く食べるイメージのあるアルゼンチンやオーストラリア。使用するお肉がオーストラリアの物なら、同じオーストラリアに合わせたい。

ワイン名：カーニヴォ　カベルネ・ソーヴィニヨン／色：赤／価格1，980円（税別）／国：アメリカ　カリフォルニア　／サントリーワインインターナショナル（株）

ハンバーグ（デミグラスソース）

①色　赤　濃い目の赤。

②価格　1，500円～2，000で収めたい。
③国　ヨーロッパ。

ワイン名：トレンタンニ　ファレスコ／色：赤／価格2，076円（税別）／
国：イタリア　／株式会社オーバーシーズ

お店でのワイン探しミチシルベ②
80点が狙える！「里名」や「重さ」はどこで見ればいい

エチケット（ワインの表ラベル）ではなく、
ワインの裏ラベル、
価格札内の情報、
商品説明POPで確認しよう。

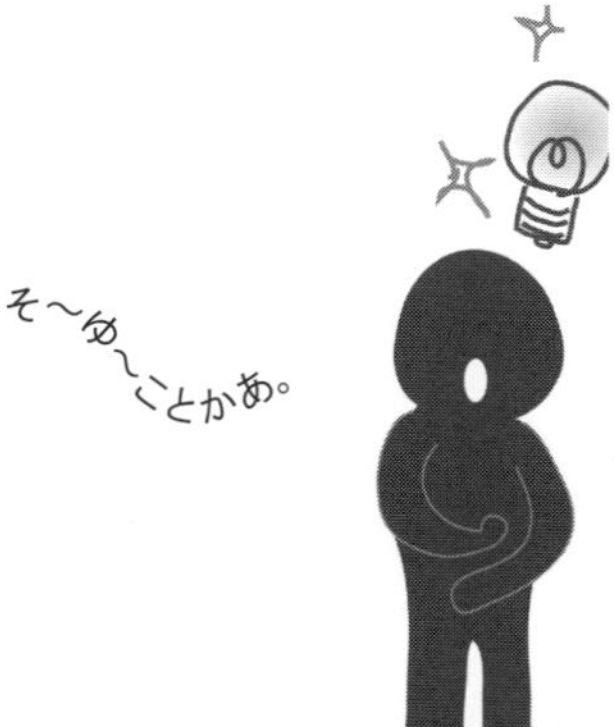

ワインのエチケットには、沢山の情報がありそうな気配を感じますよね。しかし、これを理解で

きるようにするためには、ブドウ品種名、地域名など、その他にも沢山のワイン専門知識を暗記しなければならないため、もっと気軽に楽しみながらワインを探したい私たちは、次で確認しましょう。お店で、ワイン選びを進め、ある程度ワインが絞られたとき、最終的決断を下す後押しをしてくれますよ♪

ワイン探しミチシルベ

・ワインの裏ラベル
・価格札内の情報
・商品説明ＰＯＰ

これらには、特別な専門用語が書かれることもありますが、基本は一般の消費者が読んで理解できる言葉で書かれます。実際にどのようなことが書かれているのか？
見てみましょう。

ワインの裏の日本語ラベル

基本的にワイン輸入会社によって作成されます。最近では、２，５００円以下のワインにおいて、使用ブドウ品種名や特徴、料理との合わせ方を記載してくれる会社が増えています。

一般的なスーパーで調べると、おおよそ、10本中５本はそのようなワインが取り扱われてれているように思えます。

例えば、「シャブリ」。

「シャブリ」はワイン名であり、産地名です。フランスのシャブリという場所でつくられるワイン。シャルドネというブドウ品種のみでつくらなければなりません。それ以外でつくった物は、例えシャブリという場所でつくっても、シャブリを名乗れません。厳密にはもっと細かいルールがあるのですが、「私たちはシャブリ」という産地名もブドウ品種名も覚える必要がありました。

ワインの裏ラベルに使用したブドウ品種名や味わいを書いてくれているなら、そこで確認できれば十分です。

最近は、フランスワインかつ2，５００円以下のワインには、裏ラベルにブドウ品種名の紹介があるワインもありますが、それ以上の価格になるととたんに表記する会社は少なくなります。

ワインをつくるその土地の規約の厳さ、その土地での製造方法まで、知っている方に飲んでいただきたいという現れなのでしょうか。

価格札内の情報

ワインを販売する店舗が作成します。インポーター会社から追加の情報をもらう店もあれば、独自の知識やネット情報、ワイン本情報を元に書かれることもあります。

比較的ワインに力を入れており、ソムリエが在籍するお店は、独自に作成するケースもあります。

お店の一押しや、おススメの味わい方を書いているお店も。

また、価格札内の注意点としては、赤にあって白にない、またその反対の物が存在することが多いという点。それをミチシルベとして次に書きました。

情報ミチシルベ

・赤は、軽口～重口のボディ（重さ）が表記されるものが多い。
・白は、甘辛度を示すところが多く、ボディの表記がないものが多い。
・酸味の有無などが記されていることはとてもレア。

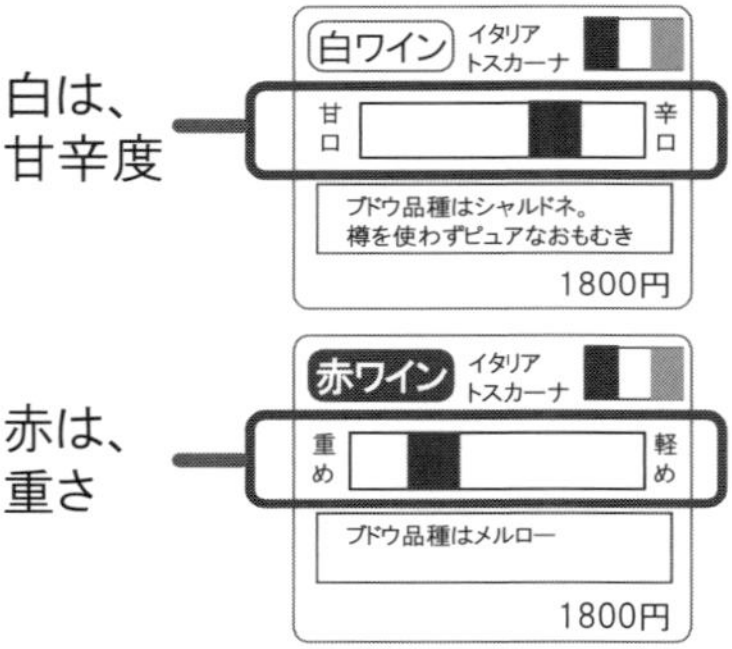

商品説明ＰＯＰ

商品ＰＯＰは、ワインを販売するお店が独自に作成します。

ワインインポーターがＰＯＰを作成し、販促用に販売店に渡すケースもあります。

これこそ、店舗により違いが明確に現れます。最近は、大型スーパー。地方スーパーなどでも積極的に取り付けており、店舗ならではの表現やおススメコメントがあり、とても役立ちます。

国名、産地名、ブドウ品種名、味わい、料理名、生産者の想いが記載されていたり、料理との合わせ方やスタッフが実際に飲んだ味わいコメントが入っているものもあります。

ＰＯＰが手書きされ、「かわいい」「試したい」と思ったら、そこは素直に買い！　そのフィーリングって、あながち外れていません。店舗スタッフの味わいコメントなどが記載されていたら1度飲んでみる価値があると考えてよいでしょう。

お店でのワイン探しミチシルベ③　一致させたい！　海近なのか、山近なのか

裏ラベルに国名と地域名など書いてあるワイン。
そのワインの生まれ育ちは、海近なのか、山近なのか。
たったのそれだけなのに、味わいまでも一致するから面白い♪

ワインと料理の国を一致させる際に確認する国名は、必ずエチケットまたは、裏ラベルに生産国の記載があります。

その際、もし、国さらには、地域名や州の名前などがあったらラッキー。

海近なのか、山近なのか。

地域名は、携帯を取り出して、地図検索。地方名が書かれることもあり、ピンポイントで場所が出ない場合もありますが、海がすぐそばにあるか、ないかで判断する方法もありです。

自然環境は、ワインの味わいに変化をもたらし、それはワインの個性となります。

一部の組合せ例です

・フランスは、プロバンス地方の白やロゼワインと魚介たっぷりのブイヤベース。

・スペインは、リアスバイシャスのワインと魚介のサラダ。

どちらのワインも海が近い場所で生産されていますから、魚介料理と楽しみたいものです。

生まれ育った環境ミチシルベ

・海の食材を使った料理に海近ワイン。

・山の食材を使った料理に山近ワイン。

これで、さらにワンランクアップの美味しい組合せが実現されます。

その理由は、海近地域でつくられたワインは海風に運ばれた塩分や海水のミネラルがブドウ畑の土壌に付着、ブドウの葉にも付着することで、結果仕上がるワインの味わいもそれらを感じることができます。

そのため、お料理も魚介を使った料理によく合います。

一方、山でつくられたワインは、海側より標高が高く、気温が低い。ブドウは、ゆっくり熟成が進むことで酸味の高いワインができる傾向があります。

また、大地に含まれるカルシウムや鉄やマグネシウム、腐葉土から来る栄養素を含み、複雑で、繊細。大地の力強さを兼ね備えたワインが出来上がります。

大地とともに生きた食材。お肉料理の味わいを支えたり、キノコ料理などにも合います。

しかし、シンプルに！　の裏に例外は存在するもの。海のそばであっても海風の影響を受けない立地もあれば、反対に山の中でも海由来のニュアンスを感じるワインもあります。

フランスの真ん中、海から遠く離れた場所・シャブリ（産地の名前でありワインの名前）はどうして牡蠣と合うの？

ここの土壌は、かつて海だったといわれる地層で、貝殻が混ざっているような石灰土壌です。ミネラルを多く含んでおり、生牡蠣とよく馴染むといわれています。

私のおススメは、ホタテグリルやアサリ白ワイン蒸しと一緒にいただくこと。

また、シャブリであれば、その高い酸味を活かして、から揚げにレモンをきゅっと絞る要領で、ワインを合わせることも可能です。

いずれにしても、地殻変動によって生まれた味わいを試せるなんて、壮大すぎて、目がまわりそうです。

買う場所のミチシルベ① ワインを買う店のおススメはこちら！

ワインの味わいなどが比較検討しやすく情報をまとめてくれている店。
そう！　ずばり！

ずばり、家電量販店とＫＡＬＤＩ
みなさんは、どこでワインを購入されていますか。

アンケートの結果ワインを買う場所は、

・買物ついでのスーパー
・帰り道の酒屋、専門店
・デパートもたまに覗く
・休日に車で大型スーパーに行く

という具合。気軽に購入できる場所から、休日の楽しみとして。様々な場所で購入されているようです。

大量買い、箱買いする場合は、大型店で、ワイン売り場を比較的大きく確保しているスーパーへ車ででかけたときとの回答でした。

そして、私のおススメする購入店は…。

ワインを購入する店ミチシルベ

・家電量販店内のお酒売り場。
・ＫＡＬＤＩが理想的。
・番外編　デパート内ワイン売り場。

家電量販店（ビックカメラ、ヤマダ電機、ヨドバシカメラ）

「そもそも家電量販店にワインが置いてあるの?」ということになりますが、店舗によりますが、置いてあります。

どちらも、とても商品の情報量が多い！　しかも、見やすい。

特に、ビックカメラは、店舗によって異なりますが、ワイン本とワインのディスプレイ、試飲（無料、一部有料）の強化、価格札内の情報を比較検討しやすく上手にまとめられています。

ワインを比較しやすい点でおススメ。さらに2，500円以下のワインの品揃えがとてもよいので、デイリーワイン選びには最適です。

これらは、ワインを国別で陳列されているところが多いので、ワイン選びの順番は、「国」「色」「価格」で絞りましょう。

KALDI
こちらの売りは、何といっても商品説明POP。
とにかく情報が多く、合わせたい料理や生産者の顔、つくられている場所の風景などもあり、見ているだけで楽しさ倍増。
アンケートには、「KALDIは、イタリアワインが多そう」との回答もありましたが、実際には、フランス、スペイン、ポルトガル、アメリカやオーストラリア、チリ、日本ワインも時に扱っており、食材も同時に揃うことから非常におススメです。

番外編・デパート

見ていただきたいのは、デパート内のワイン専門店、もしくはワイン売り場コーナー。価格札内の情報量が多い上に、品よくまとまっており、丁寧。

ワインのことをちょっとでも知りたいという方は、1度足を運ばれることをおススメします。

しかし、2，５００円以下のデイリーワインの品揃えが豊富かというと、そこまで多くはありませんが、最近は店頭に手頃な価格帯のワインを並べているデパートも増えてきましたので、番外編で書かせていただきました。

また、年に数回、催事場で開かれるワイン展。一般の方も参加できますし、試飲ができることがおススメポイント。数あるワインを試飲してから買えるのは、こういう機会がないとなかなかできませんので、1度足を運んでみてはいかがでしょうか。

ワインを購入するお店は

ワインを購入するお店は、情報量がしっかりあって、比較検討しやすい店。

お店選びのミチシルベ

・白ワインならば甘辛度が書いてある店。
・赤ワインならば軽口～重口表記がある店。

・生産国や生産地域がわかりやすく書かれている店。
・合う料理名やスタッフのコメントがあればベスト。
・それらが充実しているお店が理想的。

買う場所のミチシルベ②　ヒントワードのココを見て90点

ワインの味わいコメントが書かれていたらチャンス。
そのワード「5つの同じ」の
⑤「同じ風味」に合わせて90点。

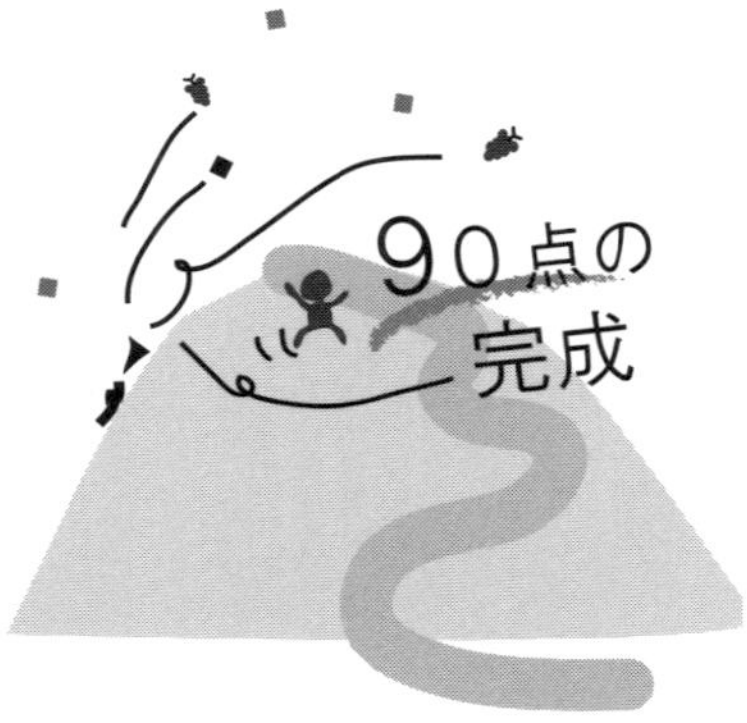

本書で紹介できます最高マリアージュに欠かせないのは、⑤「同じ風味」。
風味とは、実際の味わいだけでなく、香りなどを通し、感性で味わう感覚です。料理とワインの

風味を一致させることで、マリアージュは完成され、思わず笑っちゃう美味しさに出会い、楽しみの幅が増えます。

ここまでで、様々なワインの裏ラベル、価格札、説明ＰＯＰを見てこられたと思います。

では、実際に、どのような内容が書かれていて、その内容の何に注目すればよいかを紐解いて行きましょう。

主なヒントとなるワードはこちら。

白ワイン味わいコメントからのミチシルベ

・ハーブのような↓サラダやアスパラなどの緑野菜を使った料理に。
・ミネラル感↓塩分が効いた料理や魚介料理。
・グレープフルーツやライムなどの柑橘の香り↓レモンを絞って食べる料理↓から揚げやフライ。
　または、グレープフルーツを加えた鮮魚のサラダ。
・ライチやマンゴーなどのトロピカルフルーツの香り↓タイ料理やアジア料理。
・ほどよい苦みとバランスのとれた酸味↓山菜の天ぷらや春野菜の料理。

赤ワイン味わいコメントからのミチシルベ

・イチゴやチェリーなどの香り↓トマト料理などの赤い食材を使った料理。

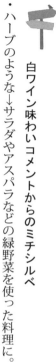

・ドライフルーツの香り→レーズンなどのおつまみ。
・ジャムや煮詰めた果実→果実を使用して煮詰めたソースをかける料理→串カツやお好焼きソース
・クローブやナツメグなどのスパイスの香り→これらスパイスを使う煮込み料理やグリル料理または、とんかつソースやお好焼きソースに。
・白、黒コショウの香り→山椒をかけていただく料理。塩・コショウで焼くステーキ。
・スモーキーな香り→スモーク（燻製）したウィンナー、ベーコンなどの食材を活かした料理やおつまみ

いかがでしょうか。

特別なワイン知識を必要とせず、「5つの同じ」の⑤「風味」が合わせられますので、これらを見つけ、料理に合わせることができれば90点。

本書で紹介する最高得点マリアージュの完成です。騙されたと思って、ぜひ試してみてください。

ワインの専門知識がゼロでも、90点のマリアージュを楽しめますし、そのワインを探し、購入する力がつきました。

それは、まるでソムリエのようですので、自分が？　と信じられない方も多いのでは？

これらの〝ミチシルベ〟をもとにワインを探し、料理に合わせて、楽しんでみてください。

デイリーワインは、日常を楽しむための飲み物。

考え方は、シンプルに。

ワインは美味しい、楽しい♪

買う場所のミチシルベ③　謎ときワードでさらに美味しいにたどり着く

樽熟成？　ステンレスタンク？　ロースト香？　瓶内二次発酵？
これらはワイン専門用語。
だけれど、何となく意味がわかるワード。

ここからは、ワインの専門知識を少しだけまぜます。
ワインの裏ラベルや商品説明ＰＯＰなどに、様々なワイン専門用語を見つけると思います。専門用語に見えて、実はイメージがしやすいワードですので、心配はいりません。

樽熟成（赤・白ともに）

木樽にワインを入れて熟成させることで、ロースト香、焦げ香、スモーク香、樽風味がワインに溶け込みます。

樽は、木材を焼くことで木にしなやかさを与え、樽の形に形成します。そのため、そのときの木材の焼き加減により、ロースト香やスモーク香以外に、モカ、コーヒー、ダークチョコのような香りもワインに溶け込みます。

樽風味とは、雰囲気としてイメージしやすいのは、升酒またはヒノキのお風呂でしょうか。品のよい木の雰囲気を感じ、角がとれて、まろやかさや深みが生まれますよね。

これらの風味をまとったワインに合う料理は、こうなります。

・ロースト香と合わせる料理↓（白ならば）ローストしたナッツやアーモンドなどのおつまみ。
・焦げ香を活かした料理↓（白ならば）チーズの焦げ香が食欲をそそる、グラタンやピザ。
・焼いた香りを活かした料理↓（赤ならば）炭火で焼いた風味を楽しむ、炭火ハンバーグやＢＢＱでいただく塊肉。
・スモーク香を楽しむ料理↓（赤、白ともに）スモークしたチーズ、ベーコンなどの燻製食材を使った料理。

このようにワインの風味と食材の風味を合わせることで、「⑤の風味」が一致いたしますので、さらに相性抜群となります。

新樽（赤・白ともに）

初めて使用する樽を使って発酵、熟成させてつくるワイン。

樽熟成は樽熟成なのですが、その中でも、「新樽」を使っているということがポイントです。樽をつくる木材によっても香りは異なりますが、ざっくりバニラやココナッツなどの品のあるまろやかな甘い香りをワインにまとわせます。

このようなワインに合う料理は、こうなります。

- バニラやココナッツのまろやかな風味と一致する料理→乳製品、バターなどを使った料理。（白ならば）バターでグリルした魚介料理や、クリームシチュー、カルボナーラ。（赤ならば）バターを少し加え風味をまとわせたお肉グリル料理など。

ステンレスタンク（赤・白ともに）

堂々と書かれるワードではございませんが、よりフレッシュで果実味を活かしたいワインをつくる際や、ブドウ品種の持つ特性をそのまま活かしたい場合に使われます。

このようなワインに合う料理は、こうなります。

- ピュアに果実味を感じる料理→（白ならば）サラダ、ハーブやフルーツを加えたカルパッチョ。（赤ならば）フルーツソースをかけた鶏料理など。
- レモンをかけていただく料理→（白ならば）から揚げ、白身フライ、揚げ物にレモンをかける要領で。

瓶内二次発酵、伝統製法、シャンパーニュ製法

スパークリングワイン（泡があるワイン）の製法名で、今や様々な国でこれらの製法を用いたワインがつくられております。その名前のとおり、瓶の中で2回目の発酵を行います。そのとき生まれた泡（炭酸ガス）を逃がさずに閉じ込め、瓶の中で熟成させます。

また、2回目の発酵を促すために酵母菌が加えられます。その際に活躍を終えた酵母菌をすぐに取り出さず熟成させますので、酵母からの香りと、うま味がワインに溶け込みます。

香りは、製法由来のパン、バゲット、イースト香などが感じられ、酵母からのうま味が味わえるワインになります（詳しくは114ページをご参照ください）。

シュール・リー製法（白）

瓶内二次発酵と似ておりますが、最初の発酵で活躍を終えた酵母菌を取り出さず熟成させますので、酵母の持つうま味がワイン全体に広がり、複雑さが増します。

発酵は1回で終えますので、瓶内二次発酵よりも安価で軽快なワインになります。

合わせる料理も少し気軽な次のようなものがよいでしょう。

・酵母のうま味→おダシのうま味を活かした和食や魚介料理、塩焼き、カルパッチョ、お刺身、ダシポン酢でいただく水炊きなどと、風味が一致します。

ワイン名は、「ミュスカデ（仏）」、または「甲州（日本）」などで用いられる製法です。

第3章

ワイン自体を探す
ミチシルベ

ワイン探しミチシルベ① 好みのワインを見つけたい

あなたは、
あなたご自身の好みのタイプをご存知ですか。

質問です。

自分の好みのワインをご存知ですか。

ここでふと思う、自分好みのワイン。そういえば、「自分はどんなワインが好きなんだろう？」。

ワインショップに行くと、「どのような物をお探しですか？」と聞かれることがしばしば。

「自宅用か贈り物か」、その次は決まって「赤か、白か」尋ねられます。

仮に赤と答えると、どこか好きな国があるか、軽い物か、どっしり重い物か、聞かれた経験はありますか。

こちらも沢山の選択肢がありますが、自分の好みのワインを探すときのポイントがあります。

それは、
・赤ならば、赤系フルーツの香りか、黒系フルーツの香りか？
・白ならば、酸味が高いか低いかから探してみること。

赤

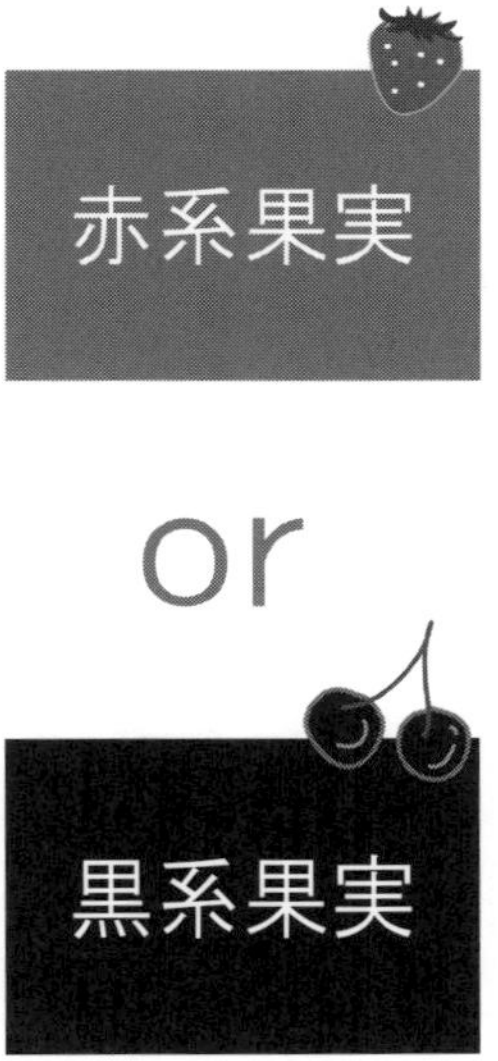

まずは、香りの方向性から決めるとよいでしょう。

大きく分けて、赤系フルーツの香りか、黒系フルーツの香りがあり、赤系ならば、フランボワーズ、キイチゴ、ラズベリー。黒系フルーツならば、ブラックチェリー、ブルーベリーなどの香りとなります。


まず、香りを想像して、どちらが好きそうか判断してみてください。

沢山の種類がある赤ワインを、ざっくり2種類に絞ることができます。

次に、タンニンという渋味を感じる成分が強いか、弱いかで絞りますが、黒系果実のワインは、総じてタンニンは多め。

タンニンと果実風味がワインにインパクトを与え、やや重口の赤ワインになる傾向がありますが、これはデイリーワインの定義においてのみ言えます。

長期間熟成をした高価な黒系果実のワインを何度となく試しましたが、タンニンは、色素などと結合し、澱となってワインの底に沈みますので、さほど渋みの強さを感じさせません。

ワインは全体的にまとまり、素晴らしい複雑性が生み出されます。

白

白ワインならば、「酸味の高い、低いで判断」します。

酸味の高低差は、ワインの裏ラベルにも、価格札内にも記載情報がありません。一部のワイン専門店ではまれにありますが、一般のスーパーなど見かけることはほとんどありません。

この酸味に関しては、使用されるブドウ品種による影響が大きく、さらにはブドウが育成される場所が冷涼な場所であると、酸味は増します。反対に温かい場所で育成されたブドウは、果実風味が豊富となります。

また、デイリーワインにおいては、シンプルに緯度の高さで判断し、スペインよりはドイツのほうが冷涼と割り切ってしまって問題ありません。

気をつけたいのは、デイリーワイン以外の高価なワインも含めますと、酸味の高低差は、緯度だけでは済まないということ。土地によって高地や季節風による影響、海流によっても温暖な土地か、冷涼な土地なのかが決まりますので、ワインはさらなる深さを増していきますから、とんでもない飲み物だと圧倒されます。

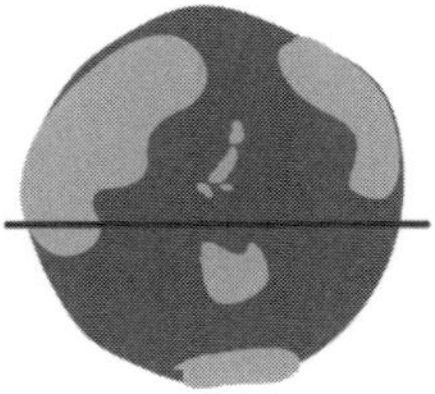

では、あなたの好きなタイプがわかるように、赤と白、それぞれのブドウ品種を図にしましたので、携帯で写真に撮り、持ち歩き、ワインを選ぶ際に参考にしてみてください。

暗記は必要ありませんが、ぜひ、飲んで美味しい！　と感じたら、そのブドウ品種名をメモして残しておくと、今後のワイン選びの参考になります。

また、このブドウ品種の特徴をもっと詳しく知りたい方は、１０８、１０９ページをご参考に。

ワイン探しミチシルベ①

・赤ワインは、「赤系か黒系果実香かで、まず判断」。
・赤系ならば、タンニンがあるかないかでチョイス。
・白ワインは、「酸味がしっかりしているか、ほどよい程度か」で判断。

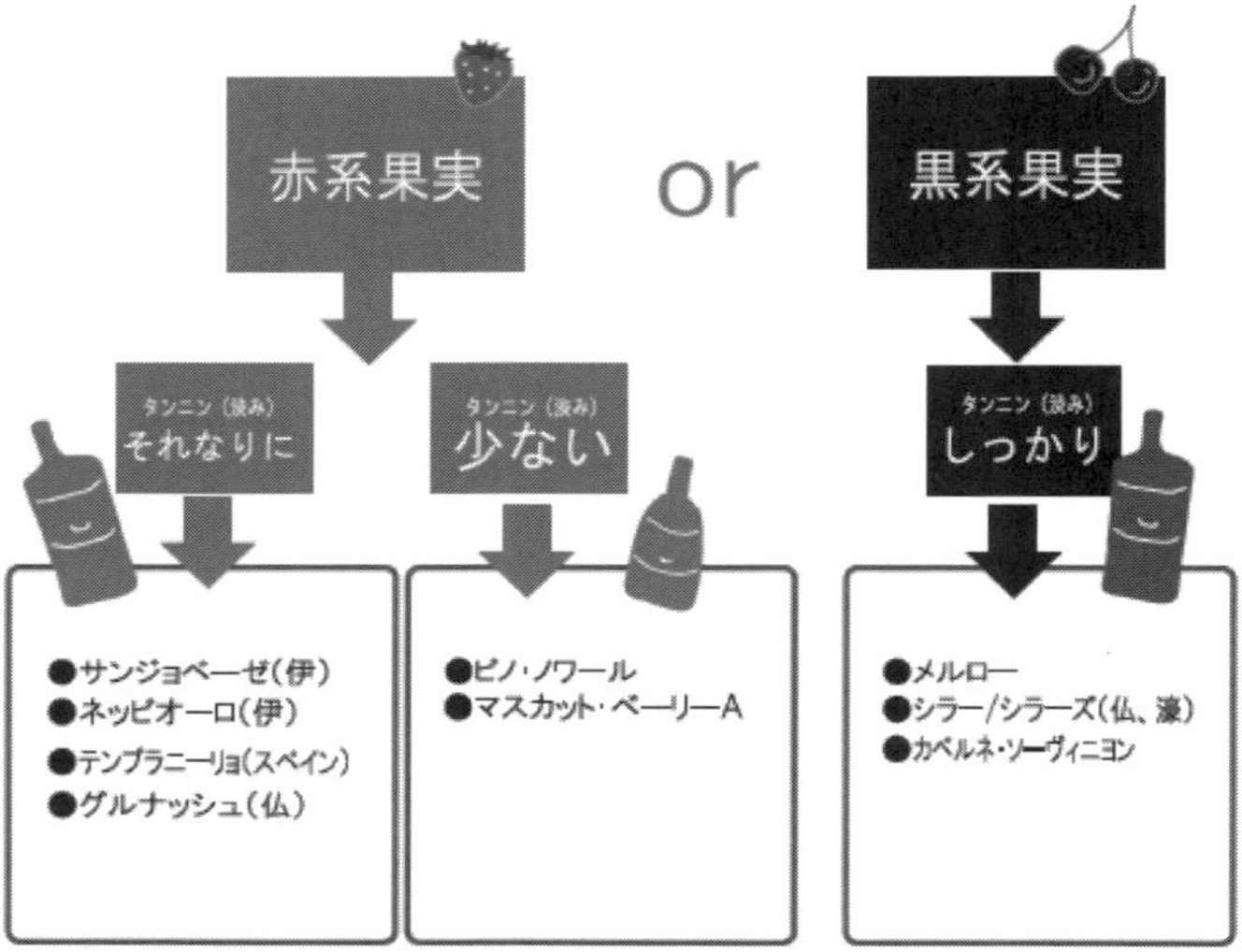
赤系果実
or
黒系果実
タンニン（渋み）
それなりに
タンニン（渋み）
少ない
タンニン（渋み）
しっかり
●サンジョベーゼ（伊）
●ネッビオーロ（伊）
●テンプラニーリョ（スペイン）
●グルナッシュ（仏）
●ピノ・ノワール
●マスカット・ベーリーA
●メルロー
●シラー/シラーズ（仏、濠）
●カベルネ・ソーヴィニヨン

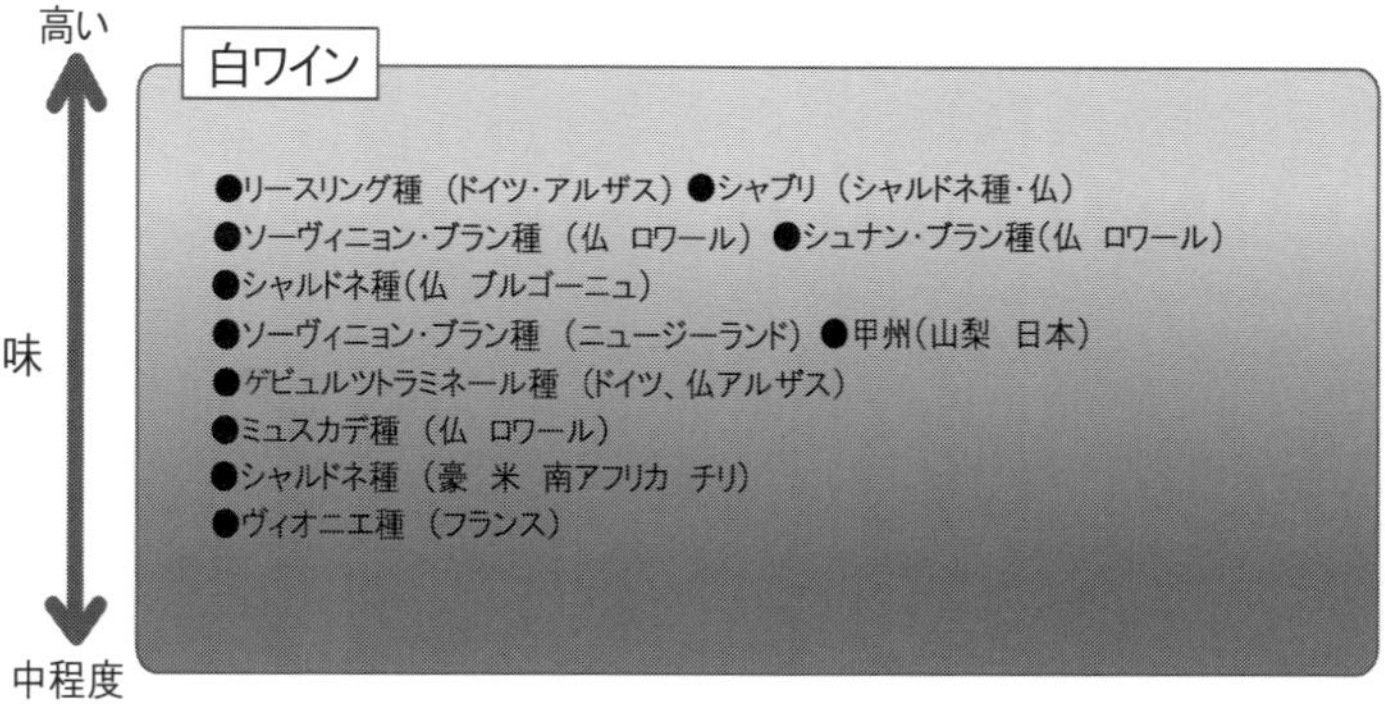

白ワイン

酸味を強く感じるタイプが好みか、ほどよいのがよいか。

上図は、デイリーワインにおいての酸味高低がわかる表です。酸味の高い、ほどよいで、好みのブドウ品種を見つけることから始めてみましょう。携帯で写真に撮り、お店でブドウ品種名を頼りに、ワインを探してみてください。

いざ、ワインを購入しに行こう

自分の好みであろうブドウ品種名を携帯で写真に撮ったら、それを元に店内でワインを探します。

料理に合わせて選ぶときとは異なり、ブドウ品種のみを頼りにしますから、最初は少し探しづらいと思います。

また、ヨーロッパのワインは、総じて産地名がワイン名となり、ブドウ品種での検索は困難となります。そんなときは、やっぱり、情報量の多いお店で購入されることが最も簡単に美味しい！　にたどり着く方法となります。

あとは、最初は慣れないお店であっても、徐々に情報の読み方や、ワインの置かれている場所などがわかってくると思いますので、何度か試してみることをおススメいたします。

数本試し、「これが自分の好み！」と思えるブドウ品種とワインに出会えると、これは、これで楽しみが増えますね。

ブドウ品種が同じだったらどっちを買うか

例えば、メルローというブドウ品種が書かれたワインが数本あったとします。そんなとき、あなたが最初に買うのはフランスワインから。

これは、私もワイン教室で教わり、実際に試し、勉強した結果、やはりフランスがワインの基準であり、軸と考えてよいと判断しました。

理由は、様々な国のワインを飲みましたが、フランスワインの全体のバランスのよさ。品のある果実味、樽熟成香、酸味の高さ、余韻の長さ、どれをとっても品格を備え、またそれらを産み出す伝統的なつくり方、味わいの深さは、フランスに勝るところなしと判断したからです。

ワイン製法の規約や製法に歴史があり、しっかり守られている点も含め、フランスワインを基準としました。

とはいえ、デイリーワインは楽しむものですから、決まったルールを押しつけるより、自分の軸を探して楽しむことが優先です。

ワイン探しミチシルベ②　ボトルの形からもワインのタイプはわかる

いかり肩となで肩で、
ワインのタイプがわかる。

ボルドー型　ブルゴーニュ型

世界中には様々な形のワインボトルがありますが、ここでは2種をご紹介。

ワイン探しミチシルベ

・タンニンの強いどっしりしたタイプにボルドータイプ。
・タンニンが穏やかで繊細なタイプにブルゴーニュタイプ。

まさに瓶の形が重要で、タンニンが多いワインは、澱といって、タンニンやたんぱく質などの成分が熟成中に結合した物が砂のような状態となりワインの底に沈みます。それをグラスに注ぐときに、ワインボトルの肩に溜まるようにするために、ボルドータイプが使われます。

つまり、タンニンがしっかりとあるワインを飲みたいときはボルドータイプ、またその反対はブルゴーニュタイプとなりますので、この瓶の形で判断されるのも1つの方法です。

ワイン探しミチシルベ③　いつの時代も最後はカン？　条件が同じならどっち？

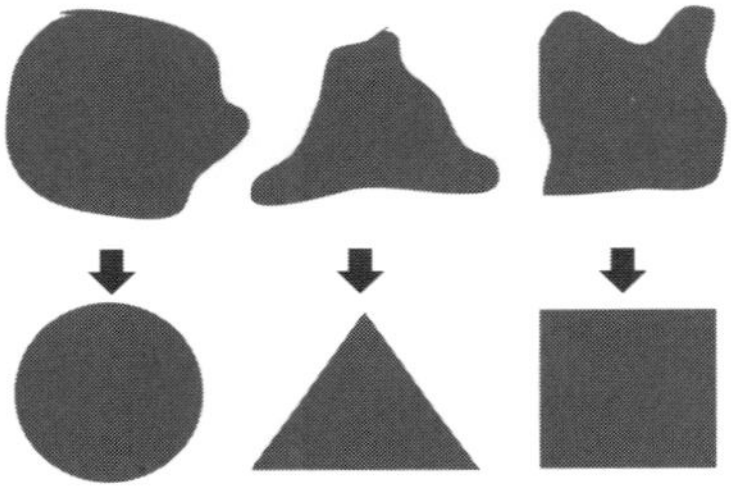

あいまいワードより
具体的ワード。

条件が同じで、価格もさほど変わらない。そんなときはどうするのか。それは、商品情報に「具体的ワードがより多く存在する方のワインを選ぶ」ことです。

最初に、自分の好みの品種確認の際は、フランスワインをおススメしましたが、何度か試され、ある程度品種の違いも味わったのであれば、次のステップです。

そんなとき、まったく条件が同じワインが並んでいたとしましょう。いったいどちらを買うべきと考えますか。

ワインの味わい表現は、ある意味でよくできており、一見ネガティブな面もよい面と捉え表現します。これは、料理と組み合わせることで楽しむ飲み物だからこそ。

ですから、さも美味しいであろう言葉を選び、巧みに使い、表します。

1例です。さて、どちらのワインを選びますか。

① フレッシュで果実味が豊か。酸味と香り、タンニンの全体のバランスがよく、非常にエレガントな赤ワイン。口あたりは軽やかで、和食などの繊細な料理との相性抜群。鶏のから揚げ、赤身魚のお寿司にも。

② キイチゴやラズベリーの香り、ほのかに樽熟成由来のトースト香を感じます。しっかりとした酸味を持つ赤ワイン。

さあ、いかがでしょうか。こちらの答えは、「②」です。

理由は、「果実名」と「樽熟成」などの具体的な言葉の有。

一読すると、①のほうがよいかと思われますが、同じ条件ならば②を購入してください。

これは、単純に「果実名」「樽熟成」だからよいというワケではなく、具体的な言葉に表現できることが重要となるからです。

具体的に書けるということは、ワインにしっかりと個性があるということになりますし、果実名の表現1つとっても、「果実味たっぷり」という曖昧な表現よりも、イチゴ、ラズベリー、ザクロなど具体的にイメージできる果物名が書かれるワインは、品種の個性を引き出してつくられた美味しいワインということが多いからです。

また、製造方法に、「樽熟成」や「新樽使用」「〇年熟成」「一粒ずつ手摘み」「遅摘み」「陰干ししたブドウを使用」など、どのような過程を経てつくられているかを示すということは、いかにつくり手が、手間と時間をかけ、ワインをよりよいものにしようと努力しているかの現れであり、結果、美味しいワインに繋がることが多いからです。

条件が同じときのワイン選びミチシルベ

× チャーミング。エレガント。おだやかな酸味、後味がとてもクリア。

〇 樽熟成、新樽使用、手摘み、遅摘み、陰干し、しっかり酸を感じる。

・価格が同じで迷ったら、物語を語るような表現より、具体的に行った行動や作業、味わいが書かれているものを選ぼう

味わい表現

日本ソムリエ協会の味わい表現が、物語のように美しい言葉が多いのは、「お客様へワインの普及、

販売促進」を前提とした資格ゆえです。

目の前にお客様がいるのですから、美しく響きがよい言葉でおススメするのは当然です。

仮に香りは弱く、個性を持たない、余韻は短く、酸味も弱い、白ワインがあったとしましょう。お料理を目の前にするお客様に、そっくりそのままの言葉では伝えられませんね。

このワインは、一見よいところがなさそうですが、和食のように野菜からの繊細なうま味などを持ち合わせる料理には、料理の味わいを壊すことなくマッチする、このようなワインがよいでしょう。

その場合のワイン説明表現には、「フレッシュな果実香がほどよく香り、さわやかな酸味を兼ね備えております。全体に軽やかで、バランスがよく、主張しすぎません。サラダや食前酒にも。和食にもよく合います」。

いかがでしょうか。

ワインが得意ではない方が選ばれるならば、このワインを選びたくなりますね。

ところが、イギリスに本部を置くＷＳＥＴというワイン資格は異なります。

こちらは、「ワイン商組合により創設され、ワインを評価するために生まれた組織」です。一般のお客様が相手ではありませんので、表現がとてもシンプルかつダイレクト。

先ほどの同じワインをＷＳＥＴ的に表すと、「香りの強さ、弱い。色、薄い。香りの特徴、新鮮なピンクグレープフルーツや青リンゴの香り。酸味、低い。余韻の長さ、短い。評価、妥当」となります。

この言葉を、そのままお客様にお伝えしても、ワインは売れそうにありません。
しかし、ワイン同士を比べ、評価し、どちらを仕入れるかを判断する方は、重宝します。
同じワインでも、対象者が変わると、表現にここまで違いが出るものかと驚かされます。

「最後はカン」も最近ではあり

最後はカン。正直これもありだと考えております。もちろん、ワイン探しは、色、価格、国の順番で探していただきます。そこまでワインを絞れ、最後の1本に迷っているのならば、この方法もありです。

といいますのも、最近のデイリーワイン市場は、大変熾烈な戦いを強いられているのが現状です。大手ワインメーカーともなれば、比較的頻繁にエチケットのデザインを変更しているワインもございます。これは、その時々の流行を調査し、飲んで欲しいと思う消費者の心を動かすデザインにすることで、少しでも多くの方に味わいを知ってもらうために行われます。

自分が「これはよさそう」と思った時点で、あなたは、相手が思い描くワイン消費ターゲットと一致している可能性がございます。

ワインメーカーさんが、「あなたのような方に飲んで欲しい」とつくられたのであれば、ぜひ、1度は飲んでみるのもありではないでしょうか。ここまで来たからこそ、「最後は、カン」。

最終的には、自分を信じて決めてみるなんて、なんだかかっこいいですね。

第４章

２割の知識で最高点

2割の知識ミチシルベ① 90点以上のマリアージュにトライ

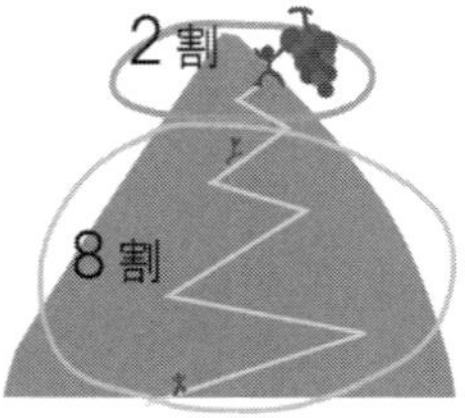

90点の取得に必要なのは、
ワインの「風味」を知ることです。
風味をより具体的に知るためには、
いよいよブドウ品種名とその特徴を…
写メします。

2割のワイン知識があれば、「5つの同じ」の5つとも合わせられます。これで、90点の完成です。

そして、その2割の知識とは、ブドウ品種名とその特徴です。

最高得点を比較的コンスタントに、取得することが可能となります。

ここからは、少しだけ知識を必要としますが、すでにこのブドウ品種の特徴を暗記せずに、ここまでワインにたどり着けていますので、余力があれば、見てみてください。

本書を手に取り、知識ゼロの状態で何度か試された方は、もうすでに様々なブドウの品種名や商品説明を目にしてきたと思います。

そして、この順番こそが、理想的な勉強方法なのです。

ただ、テキストにあるブドウ品種名の特徴を読み進めても一時的な記憶になってしまい、なかなか定着しないのが大人の脳みそです。

試験前の一夜漬けでは、1か月後に忘却するのと同じ。ですので、知識ゼロの状態でもワインライフを十分楽しめますので、まずはいっぱい楽しんでから、こちらを読み進めることをおススメします。

2割の知識ミチシルベ②　ピーマンの肉詰めにはブドウ品種カベルネ・ソーヴィニヨンを

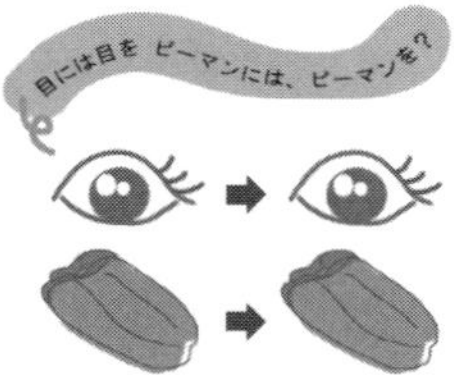

カベルネ・ソーヴィニヨンは、緑ピーマン、赤ピーマン、ミントなどのス～ス～っとした香りが特徴。

ブドウ品種の特徴がわかれば、自分の好みのワインを探すきっかけになりますし、合わせる料理もより高得点を狙いやすくなりますね。

料理との組合せを考えるならば、「5つの同じ」の⑤の風味を合わせられます。

これが当てはまると、本当にドンぴしゃで感動を生むマリアージュの完成となります。

ブドウ品種の種類は、数千種類といわれていますが、正直、デイリーワインを楽しむのであれば、赤白合わせても、おおよそ20種もあればほぼ事足ります。

次には、ブドウ品種名とその品種が持つ特徴を抜粋しています

品種別、象徴的な香りとそれに合う料理

ブドウ品種の象徴的な特徴と特徴に合うお料理をミチシルベにしました。携帯で写真に撮り、持ち歩かれると、ワインを選ぶときの助けとなります。

黒ブドウ（主に赤ワインをつくる）

・カベルネ・ソーヴィニヨン（仏）…黒系フルーツ、緑ピーマンの香り×ピーマンの肉詰め、チンジャオロース

・メルロー（主にNW）…黒系果実、高いアルコール×ウナギのタレ、中華料理、豚肉のオイスターソース炒め

・ピノ・ノワール（仏）…赤系果実、ナツメグ、高い酸味×鉄火巻、鶏のグリル

・ピノ・ノワール（米）…焼けた赤系果実、クローブ、×豚ソテー、焼き鳥（タレ）

・シラー（仏）…黒系果実、白コショウ×牛カツ（塩・コショウ）、豚肉ソテー、豚の生姜焼き

・シラーズ（AUS）…黒系果実、黒コショウ、高いアルコール×AUSビーフの黒コショウグリル、

家焼き肉

・サンジョベーゼ（伊）…赤と黒系果実、トマト香、×トマトソース、ボロネーゼ

・プリミティーボ（伊）…煮詰めた赤と黒系果実、クローブ、ナツメグ×ソースたっぷりのお好み焼き

白ブドウ（主に白ワインをつくる）

・シャルドネ（仏・シャブリ）…レモン、塩、貝の殻×ホタテグリル、レモンを絞る料理（から揚げ、白身のムニエル）

・シャルドネ（NW）…ピンクグレープフルーツ、パイナップル、樽香×餃子、チーズグラタン、クリームシチュー、クリームコロッケ

・ソーヴィニヨン・ブラン（仏ロワール）…弱めの草香、グレープフルーツ×サラダ、ハーブとグレープフルーツ入りカルパッチョ

・ソーヴィニヨン・ブラン（NZ）…強めの草香、芝生、×香りが強いウォッシュタイプチーズ、ネギを散らした豆腐、焼き鳥ネギマ

・リースリング（アルザス、ドイツ）…レモン、シークワーサー、白い花、キューピー人形のような香り×じゃがいも料理、コロッケ。レモンをかける料理（チキンカツの塩・コショウ）

・ゲヴュルツ・トラミネール…ライチ香×タイ料理

・シュナン・ブラン…薄めたお茶の香り、カリン、ラ・フランス×中華料理、焼売
・ミュスカデ…パン、イースト香×さしみ（醤油）、おダシを効かせた和食
・甲州…みかん、ほんのり日本酒の雰囲気×和食、お刺身

これら、ブドウ品種ごとの代表的な香りに驚ろかれたでしょうか。

ピーマンや、トマト、お茶、スパイスなどの香りは、どうして同じブドウからこうも様々な香りが生まれるのかと不思議に思われるかもしれません。

そして、これらの香りは、実際の料理と組み合わせる際に、まさに、⑤「同じ風味」を完成させる上で役立ちます。

楽しむミチシルベ　最強ワインメモ方法。おススメは2種

・携帯のライン機能を活用。
・ノートをつくるなら6つのボックスが鍵。

ワインを飲み進めていくならば、せっかくですので、メモで情報を残しておきたいですね。

では、みなさんは、どんな方法でメモを取りますか。

私のおススメのメモの方法をお伝えします。

携帯のライン機能を活用

携帯電話は、常に持ち歩いていますので、メモを取り、また見返すときに重宝します。

使い方は簡単です。

まず、自分ひとりのライングループを作成します。グループの名前はお任せしますが、例えば、「MYワインメモ」とします。

グループで写真をアルバム管理できますので、ワインのボトル画像、裏ラベルの写真を保管する際にも優れています。

アルバム名は、赤ワイン、白ワイン、泡などに分けるといいですね。

さらに、おススメは、グループ内のノート機能を使うこと。

ノートには、ワイン情報を文字で残し、撮影画像を添付できますし、位置情報を残せますので、ワインを飲んだお店。買ったお店情報を入れておくとよいでしょう。

しかし、検索には向いていません。こだわる方は、ある程度情報がたまったら、どこかでエクセルにまとめるなどが必要かもしれません。

専用ノートを1冊用意する

シンプルで見やすくおススメ。私は、家飲みワインは、こちらを利用しています。お気に入りのノートを1冊用意します。

メモの取り方は、6つのボックスを書くことから。

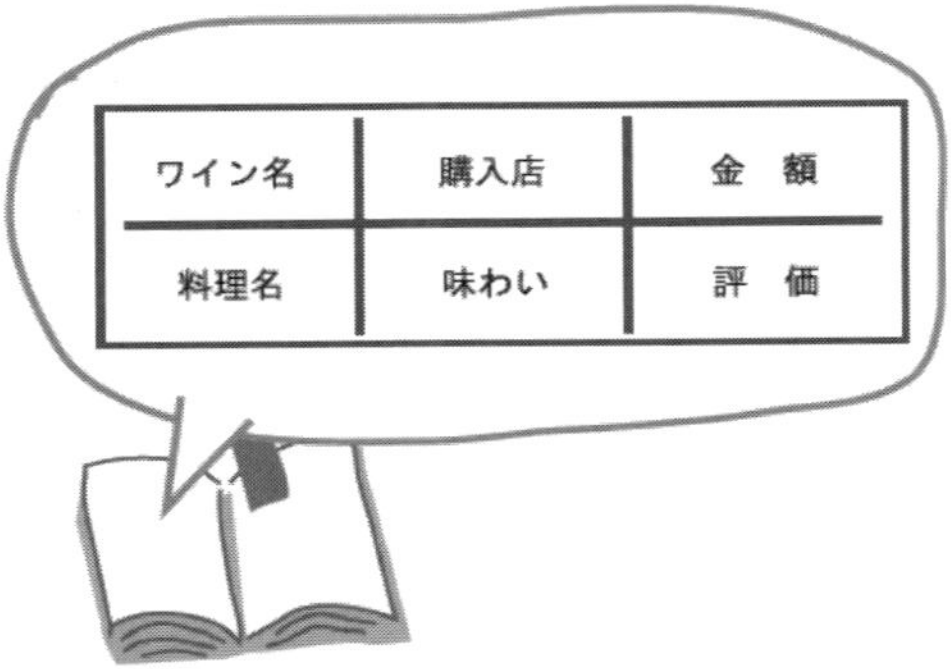

左上から順に、ワイン名、購入店、金額。

左下から順に、料理名、味わい、評価（点数など）を書いてメモすることで、メモする内容に統一感が出るので後で見返すときに見やすくなります。

余力があれば、ブドウ品種名を6つのボックスの上に書いておくといいですね。

第5章

あれこれ考えない日のスパークリング

何やら困ったら泡にしましょ

同じ泡でも味わいに違いがある。

これを知っていれば大丈夫。

きっと嫌いな人がいないのが、このスパークリングワイン。

暑い夏はもちろん、寒い冬にお鍋料理とともに冷えたスパークリングは最高です。

友達宅にお邪魔するときに1本持っていくと、とっても喜ばれますし、華がある飲み物ですので、お祝いの席、乾杯には最高の演出をしてくれます。

春のお花見は、サクラ色のロゼスパークリング。なんて優美なのでしょう。

また、激務だった仕事が終わった後の「ご褒美ワイン」として。さらには、ちょっと疲れたときの「考えないワイン」として、スパークリングをおススメします。

このスパークリングは、とても優秀で、ある程度の日本のお料理に合いますし、スパークリングの泡と油分の組合せは本当によく合います。

泡が口の中の油をさっと切って流してくれるため、油のしつこさが口の中に残りません。そして、食事のうま味は残してくれます。

油を多く使う料理といえば、例えば、揚げ物や中華料理、バターやオリーブオイルを使った料理にも適しています。

「スパークリング」「シャンパーニュ」「シャンパン」どれが本当？

ところで気になる、「スパークリング」「シャンパーニュ」「シャンパン」など、様々な名前で呼ばれている飲み物。

これは、正しくは、泡のあるワインすべてをスパークリングワインといいます。

スークリングワインの中でも、様々なネーミングが存在しますが、シャンパーニュは、フランスのシャンパーニュ地方で伝統的な製法を用いてつくられたスパークリングワインのみが名乗ることを許されたワインです。

このフランスのシャンパーニュは、スパークリングワインの見本といいますか、基準です。

その他のスパークリングは、このシャンパーニュをいかに手間は省けるか、効率的にかつ美味しさを残せるかを思考錯誤してつくった、ということになります。

しかし、実際には手間は省く分、泡のきめ細やかさや、味わいの複雑さはシャンパーニュとは異なります。

スパークリングワインの定義　ミチシルベ

・泡があるワインをスパークリングワインという。
・シャンパーニュは、フランスはシャンパーニュ地方の限られた場所で、厳しい規約を順守してつくったスパークリングワイン。

フランスはシャンパーニュ地方でつくられるシャンパーニュとは

シャンパーニュ。その製法名は、「瓶内二次発酵」、または「伝統製法やシャンパーニュ製法」と呼ばれ、名前のとおり、瓶の中で2回目の発酵を行い、そのときに生まれた泡（炭酸ガス）をワインに溶け込ませ、そのまま熟成させることで馴染ませます。

非常にきめ細やかな美しい泡と、酵母の香り、熟成香が生み出されます。酵母由来のうま味と、パン、バゲットのような香りが、この製法以外でつくられたスパークリングとの風味の違いです。

このシャンパーニュを探すとき、ワインのエチケットに「シャンパーニュ」と大きく書かれることは、あまりございません。

それは、シャンパーニュはブランド商戦ワインだからです。

オレンジジュースに「なっちゃん」「ポンジュース」と名前がありますよね。とても有名で、みなさん、これがバナナジュースだなんて思っていません。

ブランド名を浸透させ、誰もが美味しいと確信するものに育て、宣伝効果を高める、それがブランド戦略です。

シャンパーニュのワイン名で有名なのは、「ドン・ペリニヨン」「モエ・エ・シャンドン」といったところでしょうか。

「えっ！　では、そのブランド名なるものも覚えないといけないのですか」となると思いますが、大丈夫です。スーパーやワイン店の価格札内に「シャンパーニュ」と書いてあるお店が増えまし、エチケットやワインボトルの裏ラベルに「Champagne」と書かれております。このワードを探してみましょう。

和食とよく合うシャンパーニュ

シャンパーニュは、和食とよく合います。製法由来のアミノ酸のうま味が、おダシを効かせた和食と馴染むからです。

ただ、「和食に合う！」と一言で言っても、お節料理など格の高いもの。お肉ならローストビーフや魚介ならば伊勢海老、鯛やフグなどの高価なうま味食材と合わせるのがよいと思います。

そんなこんなで、シャンパーニュは、なんだかお高そうと思われた方、正解です。シャンパーニュは、5，０００円以下で買えたら超ラッキー。

では、そんな高価なシャンパーニュ。みなさん、当然、次のように考えることでしょう。

「シャンパーニュと同じ製法でつくっていて、安価なワインってないの?」。

シャンパーニュの味わいのよさはわかりました。それに合わせる食材も。ならば、もっと気軽にその美味しさを安価に手に入らないものかと考えるのは当然です。

そして、答えは、「あります♪　そんなスパークリング」。

代表的なものには、「ＣＡＶＡ」（カバと読みます）。

嬉しいのが、安価な物は1，０００円代から存在し、比較的どのスーパーやワイン店でもよく見かけます。

シャンパーニュと同じ製法でつくられたスパークリングワインは、次のとおりです。

シャンパーニュと同じ製法で造られたスパークリング　ミチシルベ

・スペインのカバ (CAVA)
・フランスのクレマン
クレマン・ダルザス Cremant D'alsace
クレマン・ド・ロワール Cremant de Loire
クレマン・ド・ボルドー　Cremant de Bordeaux

クレマン・ド・ブルゴーニュ　Cremant de Bourgogne

クレマン・ド・ジュラ　Cremant du Jura

他にもまだありますが、これらが比較的スーパーなどでも取揃えがありますし、クレマンは、２,０００円代で購入できますので、これらだけでも覚えておくことをおススメします。

このようなスパークリングワインに合う料理も、やはり食材の価格を合わせることが大切です。フランスのシャンパーニュは、お節料理やローストビーフに伊勢海老なのに対し、スペインのカバなどの安価なスパークリングワインならば、食材のお値段も下げましょう。

ただし、シャンパーニュ同様、酵母由来のうま味がありますので、同じうま味を持つ料理と合わせることがおススメです。

このワインに会う料理は、次のようになります。

・魚介、お肉のうま味が加わったお鍋。

・おダシのうま味を活かしたおでん。

・天つゆでいただく天ぷら。

・タコ焼き、明石焼きなどのおダシの風味を楽しめる料理。

いかがでしょうか？　気軽さが出てまいりましたね。日本のおダシのうま味を活かした繊細な食事にもよく合いますので、迷ったときは、コレがおススメの理由がおわかりいただけたことと思います。

シャンパーニュと同じ製法でつくられたスパークリングワインを探すときのワード

お店でシャンパーニュと同じ製法でつくられたスパークリングワインを探すときは、価格札内や商品ＰＯＰに「瓶内二次発酵」「シャンパーニュ製法」「伝統製法」などのワードを探してください。最近では、このようなワイン用語ではなく、「シャンパーニュと同じつくり方」など、わかりやすい言葉で紹介してくれるお店も増えましたので、1度スパークリング売り場を覗いてください。

その昔サロンと言う名のシャンパーニュを飲んで

サロンという名前のシャンパーニュがあり、1本およそ7万円ほどします。香りは、とても複雑で、品格があります。余韻の長さは、1分以上と長く、酸味とのバランスは、最高な状態で、何よりも、質の高いカフェのような香りをしっかりと感じたことを記憶しています。

これに合わせるお料理となると、なかなかに難しく、食後にワインのみをゆっくりと時間をかけていただく飲み物という感じがしました。

今まで、様々な高級ワインをいただく機会がありましたが、その素晴らしい香りに圧倒される物もあれば、正直これが8万円と全く理解ができない物もありましたので、まだまだ勉強不足と感じております。

高価なワインは、それはそれでよいのですが、日常に楽しみながら飲むには高嶺の花。もう少し歳を重ね、人生に厚みと深みが出る頃、日常で楽しめる余裕があったらいいなあと思っています。

第６章
疑問解決

高いワインはなぜ高い？

ワインは、高価な物ですと数十万円〜１００万円を超える物まで存在します。

みなさんも疑問に思われた方も多いはず。同じブドウからつくっているのに、なぜそこまで違いが生まれるのか。

それは、様々な要因がありますが、ワインをつくるブドウの育て方から違いが生まれ、コストアップしていきます。

１本の木に２００房なるブドウと、１本の木に2房のみ実らせたブドウ。どちらが高価かは、すぐわかりますよね。これは、2房しか実らなかったのではなく、人間の手で調整し、意図的に行っているのです。

ブドウの1粒ずつに、酸味、ミネラル、甘味等の成分を凝縮させることで、よりよいワインに仕上げるため。

したがって、それは、当然、ワインの値段に反映されます。そのようにすべての成分を凝縮させて育てたブドウこそ、長期保存が可能なワインになるブドウなのです。

そして、長期保存すれば、保存のための場所代金もかかりますし、その間放置するワケではありませんので、管理する人件費もかかります。

また、輸送コストは冷蔵品で運搬しますので、その分輸送費はアップします。

そのようにしてつくられるため、高いワインは高いのです。

もうそれ古い。デイリーワインは不味くて飲めない？

時折、「5，000円以下のワインなんて、そんな物は不味いよ」という方がいます。実は、私のそばにもおります（笑）。

比較的ご年配の方に多いのですが、少し前ならそれも正解。

例えば、10年か15年ほど前ならば、スーパーにこんなに沢山の1，000円代のワインが陳列されていたでしょうか。コンビニで500円のワイン、居酒屋にこんなに多くのグラスワインがありましたか？　デパート内のワイン専門店で1，500円のワイン、あり得ませんでしたよね。

5，000円とは言いませんが、私自身3，000円以下はあり得ないと考えていました。

しかし、昨今の2，000円前後のワイン、ぜひ目隠しして飲んでみてください。これが2，000円！　と驚かれるワインが沢山あるのです。

これは、ワインづくりにおいての研究が進み、環境に適した対策ができるようになったため、それらを大学で学んだ優秀な醸造コンサルタントが世界を飛び回り活躍しているためです。

醸造技術の向上、最新技術の導入、巨額資金を投じてつくられるようになったワイン、研究知識がいよいよ文化や伝統に追いついたのでしょうか?

安くて美味しいワインは、この10年で格段に増えています。

日本ワインをあなどるな! の真実

度々耳にする日本ワイン。本当にクオリティが高くなった! とびっくりしています。それこそ、7年前とは雲泥の差です。

もっと前なんて、「なんだこれ?」なんていう物も沢山ありました。

それには理由があります。醸造家の努力により、ワイン用のブドウの樹が数十年かけて、いよいよ育ってきた、日本ワインの規約がつくられ品質が守れるようになってきたなどです。

したがって、国際的にも日本ワインの評価が認められ始め、大手企業がこぞってワイン事業に乗り出し、多額な資金を投じ、海外からの優秀なコンサルタントを雇い、ワインを日本でつくり始めています。

そして、やはり日本ワインは、日本食に合う。

日本の食事は、油分が少なく、おダシを効かせ、野菜のうま味などを巧みに活かした料理です。

この繊細な味わいを壊さない品格があるのが、日本ワインの特徴なのです。

まだまだ日本ワインを取り揃えるスーパーは少ないのですが、1度は試して欲しいです。

なお、日本ワインで有名なブドウの品種は、次のとおりです。
・甲州（白ブドウ）……みかん、豆腐、日本酒のような風合いを感じる物や、梨やほんのり熟したスダチのような香りがします。
・マスカット・ベーリーＡ（黒ブドウ）……焼いた野イチゴ、イチヂクのような香り。色が薄く、タンニンが強すぎないのが特徴です。
どちらも和食の味わいにそっと寄り添うイメージです。

ワインは寝かせれば美味しい！　の思込み

デイリーワインは、長期熟成に耐えるようにつくられていません。コンセプトは、「今飲んで美味しいワイン」です。生産者は、「今飲んで！　今が飲みごろです」とワインを嫁に出しています。寝かせずに、今飲みましょう。

しかし、お安く買えるときなどは、まとめ買いが嬉しいですよね。

これらは、半年以内で飲み切るのが理想です。セラーがあればいいのですが、ない方は、直射日光が当たらない場所、かつ、振動を避けることが必要です。

そのため、洗濯機がある脱衣室に、段ボールに入れて保管することはおススメできません。クローゼットや押入れに保管がおススメです。

気温の上昇で再度発酵が進み、瓶が破損する恐れも皆無ではありませんので、大事な物の近くは避けましょう。

また、ワインを寝かして収納し、ワインの上に物を置くことはやめましょう。

ちなみに、わが家では、ある実験をしているワインがあります。

それは、500円程度で購入した赤ワインを常温で寝かし続けるとどうなるか？　気になりませんか。

さあ、どうなったと思いますか？

それは、こちら。

赤ワインの液体部分の色味は、ほぼ薄茶色の半透明。
色素は、タンニンと結合し、瓶底に赤こげ茶色になり溜まっています。

おススメの組合せ

ワインに氷、デイリーワインにおいては、大いにありです！

実際、ワインをジュースで割るカクテルも沢山ありますし、カットフルーツやスパイスを足してサングリアやホットワインなどにして世界中で楽しまれています。

お日様がサンサンと照るスペインでは、パエリアにサングリアで楽しみ、芯から冷える冬のドイツでは、スパイスを効かせたホットワインを楽しみます。

自分でいろいろ試すのが一番。

おススメの組合せを少し紹介します。

カットフルーツ＋氷で自家製サングリア

こちらのベースのワインは、白でも赤でもＯＫ。

白ワインベースなら、グレープフルーツ、青リンゴ、レモン、オレンジなどの白～黄色のフルーツをカットして加え、スパイスを加えるならばシナモン、ナツメグ、クローブなどの甘い香りのスパイスがよく合います。

赤ワインベースなら、ブルーベリーやリンゴ、オレンジなどの黄色から赤色フルーツを使用することがおススメ。

スパイスも、白ベース同様の甘いスパイスがよいと思います。

BBQ、休日にホットプレートを使って、家族みんなでつくるパエリアなどに最高です。

寒い冬にスパイスとハチミツを足して濃厚ホットワインにしても◎

スパイスとハチミツをたっぷりと足し、濃厚ホットワインにするのもおススメ。ホットワインにすることで、アルコールは少し飛び、より飲みやすくなります。

東京の冬は、雪は降らずとも芯まで冷え込みます。そんなときはコレ。

何か料理に合わせるというより、食前や食後にゆっくり飲みたいワインの出来上がりです。

冷凍ミカンとビール

ワインから外れますが、昔はまった飲み方の1つに、冷凍ミカンとビールの組合せがありました。今は沢山のフレーバービールが手に入りますし、様々なクラフトビールが世間を賑わせています。その流れの先駆けだったのでしょうか、今思えば、口の中でフレーバービールをつくり上げていたのです。半分溶けかけたシャリシャリの冷凍ミカンとビールは、まさにフローズンフレーバービール！

私がこれをいただくシーンは、出張帰りの新幹線の中。隣りのおじさんにびっくりされながら楽しんでおりました。何ごとも、試してみることは大切ですね。

第７章
あると便利なワイングッズ
おススメ超最高コスパワイン

便利なワイングッズ

ソムリエナイフ（ワインオープナー）はどれが便利？

ソムリエナイフとは、ワインのコルクを開栓する器具のこと。最近ではスクリューキャップも多いので、ワイン初心者も重宝します。

さて、お店では様々な形の器具が売られていますが、おススメはこちら。

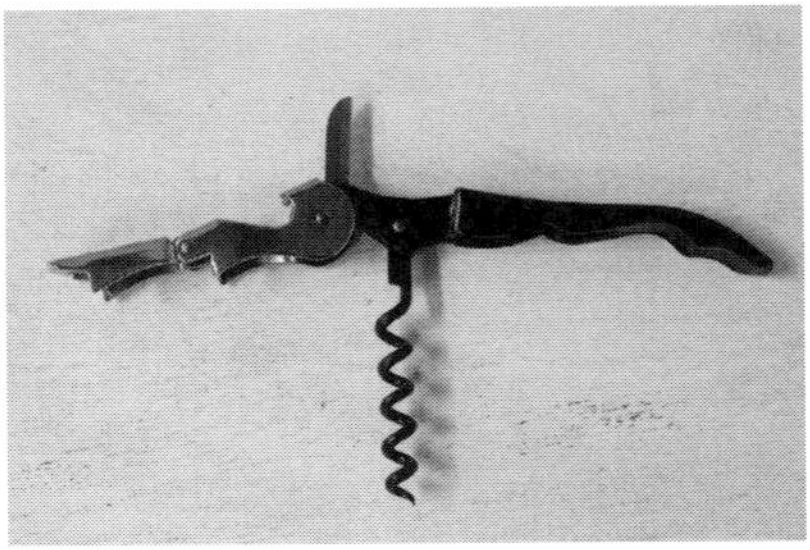

ダブルアクションと呼ばれる2段階でコルクを引き抜くタイプ。
瓶のふちにかけるフックが2つあるのがそれです。
女性の方でも少ない力で開けられる点と、何より、仕舞う場所に困らない理由からおススメです。

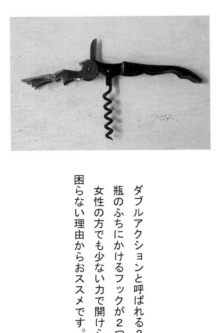

ワイングラスはどれを買えばいい？

ワイン用に最初の1脚を買うならば、やっぱり、中振りサイズのグラス。形は、口がすぼまった物といわれますが、私はさらにグラスの薄い少々高価な物がおススメです。

割ってしまうリスクもありますが、ワインはグラスと雰囲気に結構騙されます。

とある化粧品のプロモーションパーティーにご招待いただき、東京の超一流ホテルを訪れました。そこで配られたキラキラしたスパークリング。美しいフォルムのグラスに立ち上る泡。太陽がさんさんと差し込む会場。高層階からの景色。身なりの整った方に運ばれるそれに、完全に騙されたことを記憶しています。

最後にわかるのですが、実は私が思っていたよりもかなり安価なスパークリングワインだったのです。

１００円ショップのグラスも含め、様々なグラスを試しましたが、グラスのよし悪しでワインの質を２～３割は向上させられます。あとは雰囲気、といったところでしょうか。

また、もう1つおススメは、国際規格のテイスティンググラス。

これは、ネットショップで「国際規格　テイスティンググラス」と検索すると1脚７００円程度から売られています。

まさに、口のすぼまったワイングラスですが、私は、これでビールも飲みます。缶ビールでも少し高めから注ぐことで、泡がキレイに出て残ります。

日本酒もぜひコレで！　底にグルグル渦巻きが書かれたオチョコもよいのですが、それですと、香りがとれません。ぜひ、このテイスティンググラスを購入してみてください。

世界中で開かれるワインコンテストもこれを使用していますから、とてもよい基準になります。

ワインクーラーはいる？

ワインクーラーは、まさにワインを冷やし、低湿を保つための器。

どのタイプでもよいので、しっかり氷と水が入るサイズの物を1つ購入されることをおススメします。

ワインを冷やす際は、氷だけではなく水を入れてくださいね。１００円の物もあるのですが、中には径が小さく、氷と水が入れづらい物がありますので要注意。

このワインクーラーは1年中使用可。

夏場ならば、赤ワインも少々冷やしてから飲んでください。日本の夏場の温度は年々上昇。クーラーが効いている部屋だとしても、常温保管していたワインでは、飲みごろの温度を上回っています。

赤ワインは18度前後、せめて20度まで冷やして飲みたいものです。

そして、問題は収納場所。かなりかさ張ります。

私は、頻繁に使用しますので、贅沢に場所を陣取らせていますが、たまに使用する程度ならば、花瓶などとともにかさね収納がおススメ。

おススメ超最高コスパワイン

最後に、おススメのコスパワインを紹介しておきましょう。

モンテプルチアーノ　ダブルッツォ　トラルチェット　カンティーナ　ザッカニーニ

赤／イタリア／1，700円（税別）／マルカイコーポレーション。

重すぎず、またタンニンがなめらかで非常に味わい深い。カシスからブラックチェリーの香りも。ほんのり甘いダークチョコのような香りがとても魅力的で、この価格は本当にお得！

クローヌ・ボレアリス・ブリュット

スパークリング白／南アフリカ／2，980円（税別）／株式会社マスダ。

ここ数年で値段も徐々に上がり、デイリーワインの枠を超えてしまいましたが、ぜひぜひおススメしたい1本。シャンパーニュと同じ瓶内二次発酵でつくられたワイン。ハチミツの香りや繊細な泡が確実にお値段以上！　同等のクオリティをフランスで求めたら、6，000円以上はします。

サン・パトリニャーノ　スタート

スパークリング白／イタリア／1，980円（税別）／株式会社オーバーシーズ。

黒ブドウ100％でつくられた白のスパークリング。黒ブドウの皮の色が出ないよう、繊細にプレスし、果汁を絞ったため、白のスパークリングでありながらも、黒ブドウ由来のコクや旨みがしっかり残るスパークリング。このクオリティを2，000円以下で味わうのは、奇跡！

トンマージ　グラティッチョ・アパッショナート・ロッソ

赤　／イタリア／1，498円（税別）／株式会社オーバーシーズ。

陰干ししたブドウを一部使用した赤ワイン。凝縮感はもちろん、チェリーなどの果実味感も味わえる1本。

私は、これにチョコレート少量といただきます。お料理は、ハンバーグなどもOK。とにかく、この手間暇でこのお値段は、信じられません。

デイリーワイン黄金期に生きるみなさまへ

2，500円以下のデイリーワインは、今は黄金期といっても過言ではございません。街には、本当に沢山のワインを見かけることができます。そんな中、きっかけを得て、出会えた1本は、まさに一期一会です。

と、いいますのも、今回、超最高コスパワインを載せさせていただく上で、すでに2～3本は取扱いがないものがありました。輸入会社も、販売店も同じワインをずっと置いてくれるとは限りません。常に新しいものを仕入れ、売り場に飽きることがないよう工夫をしますからね。

本書をきっかけに、「ワイン選びが楽しくなった」なんて声をいただけたら幸いです。みなさんとワインの、素敵な一期一会が訪れることを心から願っております。

著者略歴

へんみ　ゆかり（逸見　由香理）

在学中は、食物栄養学を専攻。

卒業後、広告代理店に就職。広告プロデューサーとして、東京ガス、住友林業などの料理教室告知、販促物作成、イベント、展示会の企画運営等に携わる。

出産を機に退社。

のち、「ママが通えるワイン教室」の定期開催。

「小さい子供と作る包丁を使わない料理」を提案。

新聞、雑誌へのレシピ提供、企業のアレンジ料理提案ならびにｗｅｂページでの連載。

ワイン・料理講師、セミナー講師、テレビ出演等を経て、現在、輸入食品販売会社のワイン販促に携わる。

ワインの保有資格
・日本ソムリエ協会 ワインエキスパート。
・イギリスワイン国際資格 WEST INTERNATIONAL HIGHER CERTIFICATE IN WINE を最優秀で取得。

へんみゆかり　公式ホームページ　https://www.yukarihemmi.com/
ブログ　https://ameblo.jp/yyjawa/

知識ゼロでも美味しいにたどり着くハッピーワイン選び

2019年12月3日 初版発行

著　者　へんみ　ゆかり　© Yukari Hemmi
発行人　森　　　忠順
発行所　株式会社 セルバ出版
〒113-0034
東京都文京区湯島1丁目12番6号 高関ビル5B
☎ 03（5812）1178　　FAX 03（5812）1188
http://www.seluba.co.jp/
発　売　株式会社 創英社／三省堂書店
〒101-0051
東京都千代田区神田神保町1丁目1番地
☎ 03（3291）2295　　FAX 03（3292）7687

印刷・製本　モリモト印刷株式会社

Printed in JAPAN
ISBN978-4-86367-539-1